职业，还是创业？

ZHIYE HAISHI CHUANGYE

30岁前累积专业，定位好事业

班杰明·余 ◎著

SPM
南方出版传媒
广东经济出版社
·广州·

图书在版编目（CIP）数据

职业，还是创业？/ 班杰明·余著—广州：广东经济出版社，2016.11
ISBN 978－7－5454－4882－5

Ⅰ．①职…　Ⅱ．①班…　Ⅲ．①成功心理－通俗读物
Ⅳ．①B848.4－49
中国版本图书馆 CIP 数据核字（2016）第 243291 号

版权合同登记号：19－2016－183

出 版 人：姚丹林
责任编辑：陈念庄　黄　炘

出版发行	广东经济出版社（广州市环市东路水荫路 11 号 11～12 楼）
经销	全国新华书店
印刷	东莞市翔盈印务有限公司 （东莞市东城区莞龙路柏洲边路段）
开本	889 毫米×1194 毫米　1/32
印张	6.25　1 插页
字数	123 000 字
版次	2016 年 11 月第 1 版
印次	2016 年 11 月第 1 次
印数	1～6000
书号	ISBN 978－7－5454－4882－5
定价	38.00 元

如发现印装质量问题，影响阅读，请与承印厂联系调换。
发行部地址：广州市环市东路水荫路 11 号 11 楼
电话：（020）38306055　37601950　邮政编码：510075
邮购地址：广州市环市东路水荫路 11 号 11 楼
电话：（020）37601980　营销网址：**http://www.gebook.com**
广东经济出版社新浪官方微博：**http://e.weibo.com/gebook**
广东经济出版社常年法律顾问：何剑桥律师

This book is dedicated to my mum and my sister, mum thank you for all the sacrifices you've made in your life, and to my sister, thank you for all your unconditional support through my adolescence, without you guys I'll never be where I am today, you guys are my rock stars.

To my boys, Jaden and Nicholas
Live a life of memories, not dreams.
Work hard, be kind and enjoy life.

And to my dearest, thank you for being the spark of my life.
You will hold a special place in my heart.

always.

推荐序1

成功，是在对的时间，做对的抉择

桃苗丰田汽车总经理/余明光

作者在理智上，表现感知敏锐，具有丰富的想象力，在思维上有极强的逻辑性，尤其是年纪轻轻便有如此丰富的人生阅历及思维，着实令人佩服。而成败的关键并不在于景气的荣衰，也不在于环境的优劣。观念与态度其实才是使一个人成为成功者或平凡者之间的要素。

我们遭遇的是一个变化多端、诡谲莫测的知识经济时代，不管是个人或是公司，思考的角度和做事的格局，无法再拘泥于昔日的老套架构。在这个跨界整合的时代，所有产业都在相互渗透，业务模式进化、产业纵横交错，未来的职场竞争会跟随着行业而变化，不再是单一技能的竞争、单一经验的较劲，谁都能在技能上学习钻研，强化竞争优势及保持独特性。

人生即是一边拥有、一边失去，一边选择、一边放弃。因此，无论选择职涯或是创业，一样的目标有不同的做法！目标刻在石头上，方法写在沙滩上。找到一个奋斗的目标，就有坚持下去的力量。知道自己为什么而努力，才能发挥吸引力法则，把需要的能量一起吸引过来。

所有的生命循环其实都有一个S型的成长曲线，初期会历经一段沉潜，能量蓄积够了就会进入一段猛烈的爆发期，璀璨过后就渐趋平淡，产业如此、经济如此，我们的人生亦是如此！持续成长的关键是沉浸在那个快速成长的喜悦时，就要开始未雨绸缪地筹划下一段S曲线的起步，一段又一段的S曲线重复叠起来才能确保成长动能的维系。

定位→规划→执行，相信自己的潜能，做自己有兴趣的事情才能长久。职业重执行，创业重创意。无论是就业或是创业，比别人多提早一步、多努力一点、多坚持一分，逆境胜出，不靠运气，贯彻执行就对了！

“每一个问题都是一个机会；问题愈大，机会愈大”，“没有问题，就没有解决方案，也就没有公司”。当世界在变，行业持续洗牌，我们的优势在哪里？我们的机会又会在哪？作者在《职业，还是创业？》一书中，利用亲身的经验分享，引导鼓励大家试图用以不变应万变来面对难关，秉持策略家的心态与智慧，以创新为着眼点，作理性与前瞻性的分析来开创公司与自己的人生版图，是一本非常值得推荐给各位读者的书籍。

推荐序2

职业，还是创业？

台湾福兴文教基金会执行长/林宜铮

当受邀为Benjamin（班杰明）专书写序时，我一度踌躇，因为他是个朋友们都肯定的奇才，但却十足跳脱传统观念的人生和职场发展进程，身处人资管理者的我不免自问，如果出现了这么一个人，我能欣赏和善用他的“不寻常”吗？

Benjamin是那么的与众不同，脑中永远有新鲜的想法，他现阶段的成就和大风大浪的经历，不是平白获得，而是必须要承受多大的压力才能淬炼如此，这也是同辈年轻人所望尘莫及的。不过他最值得人学习的，就是“清楚知道自己要什么”和“对未来有方向性”，诚如他所提最爱的CONNECT THE DOTS，他总能从一堆的乱点点中，理出自己的路径。现代社会资讯多、资源多，年轻人总爱抱怨，然而是否想过，五年前的你在抱怨，十年后的你相信还是在愤世。如果换个角度看，你能从中找出自己的路吗？

如果你和Benjamin一样企图心旺盛，他的经验可以告诉你，如何将这股企图心引到成功的方向，而不是漫无目地硬冲。如果你不想被旧思维桎梏，Benjamin 会让你有例可循。

祝福看完此书的人，都能顺利 CONNECT THE DOTS！

推荐序3

敢梦敢为

麦肯世界集团亚太区副总裁、大中华区CEO/林增瑞

对Benjamin的第一印象，觉得他是个充满想法与活力的年轻人。总是很有见解地侃侃而谈，做事情的时候积极主动，行动力十足，时而露出老外式的咧嘴大微笑，挺暖心的。(后来才知道，这种微笑乃是尴尬时刻的护身法宝!)

“一边上班，一边创业？搞得好吗!”身为公司的负责人，这是我第一次听到Benjamin新书内容的反应，怀疑中带着一丝不悦。(原来他每天上班时都在忙着自己创业的事!)

“上班不就是要好好努力工作吗?”

“上班与创业不都是应该全心投入吗？有这么多时间与精力心分二用吗?”

“有了上班的这条后路，创业会做得好吗?”

带着这些疑问，我在一个午后，找了个舒服的地方，静静地把这本书读了一遍，看看新世代的年轻人到底是怎么想的……

在这本书中，Benjamin 的观点是从行动出发，鼓励读者（尤其是年轻的读者）要勇于突破传统观念的框架，迈出属于自己的那一步。作者所从事的广告业，是个以原创创意为导向、以服务客户为目的的行业，本身就有一点小小的、带有悲剧味道的自相矛盾（古今中外从事原创工作的，有多少位能够在客户的指导与要求下，创作出伟大的作品？应该不太多吧！）而作者自己的故事，却是以胆识、乐观与行动，行走国内外，开拓出一条独特的道路，励志性颇高。

第一章“连连看”是个有趣的人生比喻，透过不断的积累，每个人都可以成就自己独特的美丽图画。很少人能够如拥有水晶球般的，精准的预测人生的下一步，但是今天的迷惘与挣扎，很可能是明天跃起的最大助力。或许看似无用的工作，无形中却给了自己最好的修炼。给自己多一点的时间与包容，意想不到的惊喜随时可能会出现。一个小建议，起跑点的高低好坏不会“一试定终身”，勇于尝试或许是连连看的最佳玩法。毕竟，按部就班是不容易成就属于你的伟大。

第二章 GPS 与第三、四章 BUILD，是有趣的行动纲领与计划框架，可以帮助读者对自己的下一步做个系统性的思考，有“谋定而后动”的味道。在广告专业中，策略规划（Strategic Planning）是每一个广告传播项目的起点。策略规划的精髓，在于透过对目标消费者的深入观察与分析，总结出宝贵的“消费者洞察”（Consumer Insight），让广告能够深入人心，引起共鸣。读者不妨借由阅读本书的机会，发觉自己内心的洞察，保证会有一种耳清目明的舒畅!

最后一章的五个为什么，是以励志的口吻，鼓励读者多多挑战自己，在职场上敢想敢要。有企图心的员工，往往是比较能够吸引老板眼球的（Benjamin就是个好例子）。但是如果上班的工作不如己意或觉得自己有志难伸，创业不失为另一个选项。心分二用不是不可能，但要能对得起自己手中薪水背后的那份契约承诺（是的，上班族也要崇尚契约精神），不妨一试。“眼高手低、虎头蛇尾”等负面的流言在所难免，但重要的是，试错（Trial & Error）是年轻人开创未来的方法，重点在于学习与进步。没有胆识去尝试与挑战，就枉费青春了。敢梦敢为，大概就是Benjamin想要分享给读者的意思吧。

合上书本，隔壁弄堂里传来阵阵饭菜香，该是接近晚餐时刻了，赶紧想想待会儿要吃什么，别又没位子了。

二〇一五年深秋　于上海

推荐序 4

机会总留给勇敢和准备好的人

作家 & 昆士兰大学商学院
高阶主管教育国际业务经理/邹亦欣（香蕉芭比 Alice）

看到第六页就感动得快哭了！不小心催生了这本书，且每回看到他忙到天翻地覆后很担心这篇序文可能会难产，所以听到他已交稿也替他高兴，抢先阅读后更开心书内中文根本比预期的流畅精彩。

一开始认识 Benjamin，对他的第一个印象就是：这个小屁孩到底在臭屁什么？一起工作了一段时间后才开始看到他的聪明才智，也发现这小屁孩果然满肚子墨水，总有着源源不断的鬼怪点子，敢说敢试敢冲！除了幽默风趣以外，也发现原来他那所谓“招牌微笑”的脸孔下，更有一个认真负责与勇敢的毅力！

我们两个人的共同点就是在工作上都是拼命三郎，每次见面都可以畅聊许多商业经历与新创意。但这几年我们也别都把自己当三个人使用，不愿放弃任何机会。Benjamin 跑得快冲得更猛，也是我们很多朋友间所崇拜的成功商业鬼才！这几年下来当别人看到他的成就时，感同身受的我看到的则是“招牌微笑”下的艰辛历程与努力。所走过的路都不会白费，辛苦耕耘才有丰富收成；机会是给勇敢、能把握住的人，但机会也是留给准备好的人。

不管选择职业或是创业，未来脚步不会停，我们都得对未来清楚、有信心，更要继续努力！在筑梦打拼的旅程上，很幸运有他这个好友支持互勉同行！更重要的是，下一步除了在工作事业继续努力外，也希望好友别忘了抽空透透气、享受幸福家庭时光并犒赏自己享受人生。相信大家都会喜欢Benjamin的奇幻工作旅程！

作者序

我的这一生扮演过许多的角色，我兼职过，也当过SOHO族。创业过，也同时是个上班族，我想这跟我白羊座的热血、爱冒险的个性也有点关系，非常喜爱尝试新鲜事并且对人生满怀激情。我一直认为每一次的尝试与扮演的角色，都让我在过程中学习到许多，不论是心灵层面、技术层面、人与人之间的互动等，都让我进步成长。我每次都迫不急待地想运用所学把这些技能、经验在其他领域上发挥。

12岁开始因兴趣而踏着板凳在工作台上，以当时五澳元一小时的酬劳维修电脑踏上赚钱之路。

14岁开始自学网页设计做起SOHO接外包单子。

18岁上网开网店卖国际奢侈名牌累积一笔创业储蓄，毕业回台后陆续投资经营英语补习班和资讯洽询服务。

24岁年收入破百万台币。

25岁创立自有品牌及创意设计工作室，致力将台湾创意行销国外，并在上海投资推广创新餐饮文化。

26岁上海投资估值达三千万台币。

28岁固定薪资达两百万台币。

30岁实现职场日入万元台币薪资。

现在是个全职广告人、兼职辅道初创项目融资，同时还担任数个TMT项目的合伙人，项目总估值达数十亿元。

没错，若你还没发现我其实是个另类的职涯双栖动物，我对“职涯”本身的定义就和一般人不一样。对我而言，职涯不只单单代表着经营朝九晚五的工作，它也可以代表着你自己经营的创业项目，只要是用到你“职能”经营出来的产出，其实都可以概括成你的“职涯”。不管你是否和我一样想同时两边兼顾，还是要专心地建立你的职业或创业，有一些流程是不会变的：先定位、再规划、后执行。

希望看完这本书，也就可以得到你要的答案。我不是个企业家、明星或名嘴，所以你肯定不会想听我这个素人跟你说教、讲励志心灵的大道理，但素人有素人的做法，作为素人的我只专注于一件素人的事情，那就是“实践”。透过我的亲身历程，解剖自身如何一步一个脚印的职业和创业兼顾，从定位、规划我的职涯，到如何应对职场和创业最经常碰到的一些问题。

这本书分成四大区块：

一、职涯：现况和介绍，创业或职业。

二、定位：自我定位调适。

三、规划：建立创业/职业实战规划 。

四、实战：实际案例摆脱职场窘境（囧境）。

之所以写这本书，主要是想把我的经验分享给大家，引导你们不会和我一样曾经在职涯迷宫里迷茫、失去方向，同时鼓励大家其实专心经营自己的职涯时，也可以走出属于你的精彩、成就，甚至还可以有物质上的收获！

当你读到这里时，可能已经发现这本书的文学造诣水平有点问题。没错！我并没有使用任何写手来代写这本书，同时我也不曾写过中文书籍。严格来说，我中文造诣大概只有小学二年级的水准，因为我小学还没毕业就移民离开台湾，之后只有短暂的在澳洲上过几堂佛光山主办的周末假期中文课程。最主要的中文书写能力，都还是来自每天晚上在家里妈妈的严厉管教之下，抄写中文报纸文章的成果。过去那个年代的中文报纸，因为是在华人超市免费索取，所以大部分也都不是什么高水平的报道，多半都是广告内容，这也可能是长期抄写广编文章埋下了我之后做广告的行销能力。

当然，之后陆续也开始有付费报纸的出现，但是几乎都是粤语式的中文报纸。在那个广东人还是占移民人口大多的年代，由于这样的背景让你在读这本书的时候如果发现奇怪的用词、乱用逗点和句点，或是广东腔式中文的话，再请各位谅解。因为还是希望这本书以我自己诉说的方式来呈现给读者，这样感觉比较贴切和有诚意，也希望这样会比较直接地把我脑袋里想表达的给原汁原味给呈现出来，同时缓和一下严肃的读书心情。

最后，我还是要感谢在我生命中默默帮助我的人，我的家人、朋友、导师、同事以及所有给我许多机会发挥的老板们，谢谢。我无法一一列出每个人的名字，因为我的编辑可能会抓狂，但我还是要特别感谢我的好友 ALICE，在她的鼓舞之下促成了这次出书计划，让这本书早产了快四年。有些朋友会经常找你吃饭、聊天，但有些朋友虽然不常碰面但真心地支持你、挑战你，让你更上一层楼，若你和我一样幸运有这样的朋友，恭喜你。

成功 = 在对的时间做对的决策；

心智的成熟决定了决策的方向；

经验到位、知识到位，自然地心智就会成熟。

前言

找寻你的路

手中握着一杯名叫俄罗斯标竿的伏特加，喝一口浓烈的口感从喉咙一股涌上，瞬间燃起身体的温度，仿佛感受不到窗外仍下着绵密的细雪，从32楼的客房看出去，索契城瞬间变得非常的宁静。每到一个城市，我都会习惯地品尝当地的著名酒品然后望着窗户外面让整个人融入、感受当地人的生活意境，体会每个城市所带来的历史、故事和风情，欣赏这丰富的世界。

22个小时前我还在上海机场贵宾室休息，12个小时后在莫斯科转机，9小时前刚抵达索契城机场，8小时前在和导演讨论拍片剧本，5小时前在和演员沟通，3小时前在片场试镜，1小时前和客户开会，好不容易工作到一段落现在有机会坐了下来喝杯酒，顺便开始着手写我的第一本书。时间是半夜两点半、2014年4月13日。喔！差点忘了，SKYPE开起来播起国际电话回上海，因为时差刚好那边早上九点半赶上和创投公司开会做PPT的演说。

在过去的三到四年里，因为工作所需我几乎变成了空中飞人，东南西北飞透。从发展先进的日本，到持续内战待开发的肯尼亚，从极度封闭的沙特，到旅游胜地的峇里岛。我跑遍了世界各地，体验各国风情更和不同文化历史背景的政商人士交涉，同时还忙着经营我协助创业团队融资、品牌和运营策划的项目，这些经验让我过着有别于一般白领的生活，因为我不只在工作经验上不断的锻炼提升，更在世界观上开拓了视野并阅历了丰富的人生故事。

当你有机会碰到我，你可能会很想知道我的故事。“是如何找到工作？如何同时创业？如何能够体验和过着现在人们向往的生活……”我时常在生活上碰到许多对于我的经历感兴趣的人，甚至是初次见面，大部分人都可以毫不保留地对我这个陌生人分享他们的个人资料，年纪、职位、工作岗位、薪资、学校背景、家庭背景等，全部都摊开在我眼前，然后劈头地问：

“我的职涯出现了什么问题？”

“我该如何规划之后的路？”

“我该不该创业？”

但事实是我很不喜欢别人问我这些问题，因为这不是一个可以轻易解释的问题。第一，我对每个人的工作环境和状况不熟，随便给个 YES 或 NO 的答案也太草率了；第二，我对每个人的经历和背景不熟，若真要站在一个地方听这个人诉说人生自传以及整个家族史，可能也不是利用彼此最好的时间。

基本上，每当被问到这些问题的时候，我都会用那不知道什么时候学来的招牌笑容，也就是嘴角上扬到上排牙齿恰好全部露出来外加一点点的牙龈，太多或太少的牙龈都不行，牙龈太多有点傻，没有牙龈又有点假，下唇盖住下排牙齿，然后我就会腼腆的说："不用担心，你们已经不错，继续努力就好啦，加油！"或者，若有人问起我自己的经历的时候我就会说："我只是很努力地做每一件事情，再加上一点点的 LUCKY。"

基本上，我也不晓得为什么会这么说，现在感觉起来好像回答得也不怎么有逻辑性，但是当下却能够顺利地让我逃脱这尴尬场面，我甚至还看过有人在我说完话的同时马上把自己的名片翻了个面，然后直接写上我所说的"努力"和"LUCKY"。虽然我不知道这能不能够算帮助到别人，但大部分人都会很诚恳地跟我道谢，所以也就这样沿用下来，重点好像是那招牌笑容，挺吃得开的。

记得在 2011 年的夏天，我参加了在肯尼亚所举办的联合国气候变化框架公约缔约会议，我是现场少数的华人面孔，在这个会议里一直受到各国的参会贵宾的瞩目。这年头因为中国的崛起，在这种国际会议中只要有华人的面孔都会得到许多关注，毕竟每个人都被中国的庞大市场和雄厚资金所吸引，能多认识一个华人，就感觉可靠拢这庞大市场近一点。现在，只要对中国市场有兴趣的外国人都一定会一个中文字：GUANXI = 关系。

当然，联合国的会议也不例外。

在会议开幕后的第二个晚上联合国组织举办了一个晚会，邀请所有受邀方来饮酒社交、互相认识一下，整个场合很像个大型的商务相亲会，参加这晚会的目的就是想尽办法、不断地和会场每个人车轮战式地聊天，非常有目的性。递个名片、寒暄一下，互相有兴趣就会进一步地聊，没兴趣就赶快换一个，前后大概就五分钟，这就是商业社交场合，非常有效率。这也是为什么在书的后面会提到准备一个“电梯演说”是如此的重要，就是在这种场合使用。

基本上，这种商业晚会从一入场开始就非常的商业化，每个晚会受邀者的目的性非常明显。大概过了一个至一个半小时这个点上，整个气氛就会开始有个大转变，因为到这个时候基本上有效率的话，每个人都可以聊完一圈，该认识的人也认识了，再加上几杯葡萄酒下肚后大家也开始卸下那商业面具，准备收工下班。这时候，就会开始闲聊一些比较家常的闲话，更进一步地建立友谊。

我个人称这段期间为“黄金时间”，大家卸了商业武装、变得无话不谈，这正是搏感情和关系的黄金时段。当时，也就是在这个黄金时间，我和摩洛哥皇室家族的秘书顾问有机会闲聊了一会儿，这位秘书顾问身边还带了这次摩洛哥参访团的几个政府人员，其中比较突出的是四位中国女性，聊了一下才发现，原来这几位女性是中国政府安排去摩洛哥学习交流的一些博士生，来自上海、北京还有广州，北上广都到齐，实习回去后，基本上不是在贸易部就是在外交部担任要职。中国这几年在这方面下了很大的功夫，时常会在不同场合碰到类似这样的政府安排、学习交流的人才，这也是为什么中国的国际视野在这几年改变了许多。

就在和摩洛哥参访团员聊得你来我往，每个人都大致上聊了一圈后也就顺其自然地把焦点挪到我身上，我大致对自己的背景做了简短的介绍后，那位秘书顾问突然问起我："你的经历非常的有意思，很好奇你是如何规划你的职涯的？给我们这几位年轻的同学当个借鉴！"我心想，是时候把我那黄金笑容拿出来忽悠一下了，正当我嘴角开始慢慢上扬的时候，我突然愣了一下，感觉到我的周围瞬间变得好宁静，大家动作慢了下来，时间好像停住了！突然一个声音在我脑里出现，"你是傻子啊！这是联合国会议，人家是皇室秘书顾问，几个中国学生也都是高级知识分子，哪能那么容易被忽悠，大家肯定会当你是傻子！丢家人的脸！"我心想，好像还真有这道理，所以拿出黄金笑容这招不行！得赶紧想个有深度、有学问、有风范的回应，才能镇住场面扳回面子。

但是，我到底是怎么规划自己的职业生涯，还真不知道怎么回答，一直以来我只知道忙着做，冲着冲着也就没有很认真地想这些细节，现在完了！答不出来，全部的人眼光都对我这看着，等着我开口。突然，慢慢地大家动作开始一点点地变快，我心想完蛋了，我慢动作的时间已经要没了，不能再拖了，好吧，说点东西吧！就当这凝住的时间回归正常的同时我说：

"CONNECT THE DOTS!"

"connect the dots?"

是的……connect the dots

我的职涯规划理念就是 connect the dots……

目　录

1

CONNECT THE DOTS

连连看

职涯就像连连看游戏，也需要不停地做规划、抉择，每个时间点都会有许多的可能性，有非常多选择。该上班？创业？跳槽？还是转行？哪怕是得放慢脚步，你都需要重新分析、重新规划来取得最终的成功。

1 CONNECT THE DOTS 连连看

想象力

我来自一个标准的台湾四口家庭，在台湾钱淹脚目的年代成长，是个人称草莓族的七年级生，和另外在台湾三百五十几万的七年级生一样。在我很小的时候，爸妈都非常的忙，小时候基本上是保姆和外公外婆在带。家里虽然有一个姊姊，但是毕竟男生和女生玩的东西不太一样，所以很多时候都还要靠我自己的丰富想象力来自我娱乐。

我非常喜欢看书和看卡通，更具体的来说，我喜欢看故事，不管是什么形式的故事情节都很喜欢，而且每次看着看着我就会整个人灵魂出窍，幻想着自己就是故事的主角，然后开始自导自演。甚至，在玩玩具时我也会幻想着各种的故事情节。我是个爱做梦、爱幻想的人，恐怖的是甚至到现在，我一不小心放空时也还会偷偷的天马行空地乱幻想一番，有时候我真的严重怀疑自己是不是有人格分裂的倾向。基本上，我的童年就在这现实和幻想世界里度过。

对于小时候的回忆其实我记得不多，但记得很清楚的是，一直以来，我对两个游戏特别的情有独钟。第一就是搽保养品的游戏，每当我妈在晚上睡觉前搽保养品的时候，我都会有模有样地跟着搽起来，我喜欢面霜搽在脸上冰冰冷冷的感觉，而且又带着淡淡的芳香，这有点像给我打了一针镇定剂一样，把我这过动热血的白羊座瞬间带到一个安定的状态。

睡觉时，那淡淡的芳香也让我感觉妈妈就在旁边，很有安全感。其实，这现象有科学根据，我们人类的感官非常敏感，而且是有深沉的潜意识反应记忆，对于熟悉的声音、习惯的气味或是味蕾的反映，都会直接激发我们大脑勾出某个特定的回忆。比如，对于吃到有苦味的东西有些人会直接有排斥的感觉，因为我们的味蕾传达讯息给了大脑，大脑直觉的反映出某个特定记忆，告诉了我们曾经有类似不好的经验，使让我们产生排斥。听到熟悉的歌，也会立刻让我们回忆起一段刻苦铭心或甜蜜无比的恋情，气味也是一样，我们的大脑会直接关联某个人到这个熟悉的气味。

若我们换个方面想，如果我们能够轻而易举地利用外在因素来引导我们大脑到达某个心灵状态的话，这意味着我们能够轻而易举地欺骗大脑让其以为我们正处某一个身心状态，若真如此，那这无非是个非常强大的技能，稍后我会在下一章节更进一步解析，如何将这样的技能运用在职场上并能帮助我们成功。

另一个我最喜欢的游戏，是个画画的游戏。我不太清楚这游戏是什么时候开始出现在我们家里，只记得小时候很喜欢画画，可能是遗传到我爸的画画天分，从小就喜欢东画西画的，做妈的当然有那望子成龙的心态，所以看到有这天分、迹象后，就几乎带我上遍所有类型的画画课程，水彩、素描、漫画等。但毕竟那时年纪还小，我始终还是对于毫无规则的画画比较有兴趣，课程式的画画教学说实在好无聊，尽管上了无数的课程，我还是依旧喜欢在纸上用我那丰富的想象力乱画一番。

基本上，我特别喜欢的这个画画游戏挺有意思的。大致上是这样，在一张白纸上随便用笔乱画一些小点，等纸张都铺满无数个小点之后就可以正式开始游戏。第一步骤，先随意地选一个小点开始起笔，然后在笔不离开纸面的前提下，把所有的点点都连接起来，但不能毫无目的地连接小点，最后还是须要呈现出一个完整的图案，这样才算大功告成。

这游戏我一直都不知道叫什么名字，直到前一阵子我才知道它是有个正式的英文名字叫做“connect the dots”，中文名字到现在，我还不知道有没有正规的说法，但从英文翻译的话应该会叫做“把点连接起来”，或是“连连看”。

小时候，我对于连连看游戏简直是着了迷，刚开始玩的时候都是自己一个人乱点然后自己画，每次完成图案时自我感觉都非常良好，觉得很有成就感，而且很幸福。久而久之，有一天突然发现自己一个人玩没有什么挑战性，于是开始找别人帮我画小点。别人小点画好时，我就会在他们面前直接开始着手画起来，一开始他们还会不以为然地爱看不看，等图案慢慢开始成形，旁边的人都会开始很关注地看着，接着阵阵发出“呜……啊……”的声音，等我画完整张图案的时候，旁观的人通常都会发出“哇……”的赞叹声。这“哇……”让我顿时感觉……好爽啊！这时候的我开始发现，原来自己觉得自己很厉害的那种良好感是不错的，但是当你受到其他人的认可，那种感觉才真的叫作良好，得到他人的赞美是多有成就感的一件事情。

我开窍了！

就这样，我开始一天到晚拿着一张白纸找遍所有人帮我画小点，好让我挑战。白天因为家里只有保姆或是外公、外婆在家，玩了一阵子后发现他们画的小点实在是没有什么挑战性，反而，我开始每天都很期待晚上爸妈回来后帮我画小点。每次完成一个画作都会很有成就感，就这样，我小小的自信一天一天地慢慢建立起来。

> 自信不是一天就能够造就，自信是透过日积月累的反复提升自我，做到完美和不断地挑战自己而建立起来；自信是一种经过历练的态度，而非吹捧的傲慢。

职涯与连连看

连连看（CONNECT THE DOTS）虽然看起来是个简单到不行的小游戏，确实也是如此，但经过我小时候多年、全职的剖解、研讨与分析，让我真正地体会到这游戏的真谛。其实这是个浅入易行、深入难策的一个游戏。它不像普通的画图游戏，在一张白纸上直接画出自己想要的图案，没有任何束缚、挑战，更没有任何的抉择和规划需要考虑。相较之下，这连连看有着更多的挑战性，从选择下笔的那个小点所做的决策开始，到连接下一个小点，纸张上有千百种变化的连接方式，该如何寻找、规划并连接到另一个小点上的同时，还要考虑到再下一步该如何落点，而且最终还要完成自己所设想的图案才算成功。我甚至摸索出一套自己的逻辑，大致上是以下五个步骤：

第一，起步很重要！凡事不要输在起跑点上，所以在开始动笔之前我都会仔细地看纸面上所有的点点，幻想一下这些点能够画什么东西之后才选个好地方开始着笔。

第二，选好了点点着笔之后，紧接着下来非常的重要，着笔的点点附近肯定有许多其他可以连接到的点点。先别急着直接连结到下一个点，这时要想一下，下一个点怎么接，该选哪一个点，这样再接着连接下一个点也会比较好接。

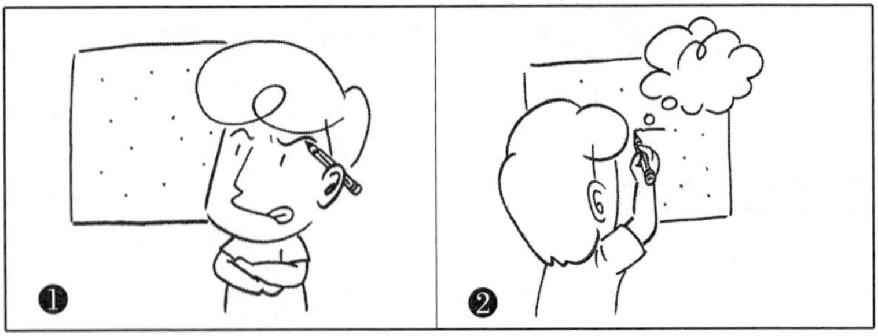

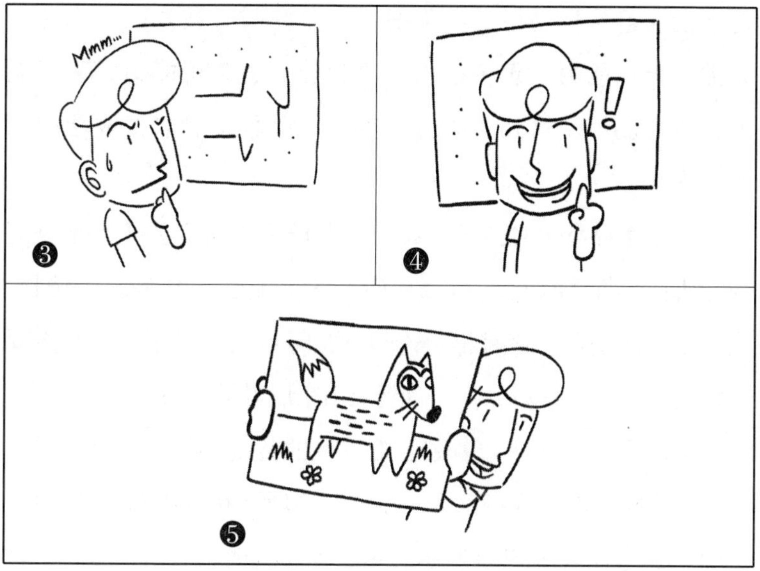

第三，真正开始画了几个点点之后，大致上自己心里也开始会有个底，可以分析一下纸面上的点点到底够不够，或是到目前为止的状况，自己是不是能够继续完成当初设想的图案，还可不可以继续下去？还是得另换构思。

第四，分析完方向之后，心里应该也确定了自己要的最终图案是什么样了，可以好好地策划一下，该怎么去用剩余的点点来完成这张图。

第五，最后冲刺地把画完成！

基本上，这就是我小时候玩连连看的逻辑，虽然天马行空的大道理说得容易，但是实际操作起来还是有困难度。小时候的我时常因为急性子莽撞、瞎画一通，搞得乱七八糟，现在回过头来看，这连连看其实还真是个非常有深度的游戏。我认为，能够把连连看玩到得心应手的人，需要同时激发一个人几个非常关键的能力：想象能力、决策能力、分析能力、策划能力、执行能力，这几个能力凑巧也是在职涯上取得成功的几个因素。

拿连连看当作对照镜，我们在职涯上也是需要不停地做规划、抉择，每个时间点都会有许多的可能性，非常多的选择，该上班？该创业？该跳槽？该转行？哪怕是走错了路，是否要立即放慢脚步？重新分析、重新规划来取得最终的目标？

从以前的职涯认知看起，上一代的传统、尽忠职守，遵守着生产线模式的职涯经营术，让求职者埋没在阶级制度黑洞里，让创业者陷入资本泡沫的迷思里。但是，时代在变，从 XY 世代、千禧世代，到现在变化快速的滑世代，求职人在变，市场的需求在变，现在的社会已经跳脱传统走楼梯式的职涯经营术，更像的是在打游击战，随时都需要做应变、规划、抉择，这就和连连看游戏一样。

我爱我的双拼味，职业或创业

过去，我一直觉得自己有选择困难症，奇怪的是，这个症状只有在我选择吃的东西时候才会发作。每次在餐厅要点吃的时候，我就会陷入很焦虑的状况，因为看到每个东西都想吃；点了小白菜但却还想吃高丽菜，点了猪排又想要吃鸡排。在这种情况下，如果点菜的大权交在我手中百分之百就会点太多，所以基本上我都不会主动来指导点菜，能避免就避免，但有时候因为是我请别人吃饭也就只能硬着头皮点。别人都以为我在热情接待，所以点了满汉全席，但有可能那只是我已经陷入选择困难的漩涡里，造成点菜点到失控。就因为这奇怪的困难症，我变得很喜欢吃双拼料理、双拼烧味、鸳鸯火锅、海陆比萨，甚至大肠包小肠……还有鸳鸯奶茶，都变得我的点菜首选，我就是喜欢双拼味！

人生的目标也一样，梦想每个人都有，尤其是前段时间阿里巴巴集团赴美上市时的一句话：“梦想是一定要有的，万一实现了呢？”这句话燃起了许多人对追逐梦想的向往和坚持。但是，在脑子里，我们每一个人一定对于梦想和目标有上百个不同的想法和冲动，把我们的注意力推向不同的方向。职涯规划最困难之处，我一直认为不在于该选择职业还是创业，而是

“如何专注我们的注意力”。有个清楚的人生定位，设定职涯目标，哪怕是选择创业、职业，还是双拼味，我们都可以朝着目标前进筑梦踏实。

然而，我们从来就不想只单做一件事，像在看电视的时候想玩手机，上健身房的时候又想同时学语言，这和我在餐厅点了这个想吃那个的道理一样。我们的欲望是无止境的，也就是因为这些欲望把我们的专注力推向四面八方。于是，我们的职涯方向也经常被我们分散的注意力影响，最后目标在哪也不知道。

想象一下，如果在二十年前的你有个想法，创立谷歌公司，还有亚马逊，同时还有脸书。你会拥有二十世纪三个最佳的商业创意，你若是创造任何一个，现在身家就非同小可。但如果你决定同时做三个，那你很有可能会什么也不是。

有好想法并不够！许多人有好想法，问题是太多的好想法会互相抵消。这就是为什么有些公司有着业界最厉害的专家们，但股东却无法得到成功。人多并不会产生领导力。你受牵扯的方向越多，能够行经的距离就越短。偏执狂一般聚焦在一个目标上，在一个可以让你能够专心前进的目标上，有如爱迪生和爱因斯坦的模式。当你能够在一个目标上聚焦，而且是持久的，你的成就将会达到他们的理论上限，不管是透过职业或是创业来到达你要的终极职涯目标。

打个比方，我的人生目标是当个美食界的专家，这个目标是很明确的。至于我要如何达到这个目标，可以采取几个方法：

第一，我可以找个做料理的工作，然后努力上班，不断实习、锻炼，并透过努力和专注，终于有一天当上了大饭店的主厨因而成为美食界的专家。第二个方法是，我去投资开个餐厅，日复一日地专心经营这家店，经过多年消费者的经营绑定了一群固定客群，久而久之因餐厅经营得有声有色获得了业界的认同，因此得到了美食界专家的名誉。

一样的目标两个截然不一样的做法，却也都达到成为美食界达人的职涯目标。换成我的双拼味逻辑，职业、创业一起来，只要目标清晰一致，那么双拼味也一定行得通，超越更是有可能。

例如，我在餐厅工作，同时我又参与其他餐饮项目的辅导，在餐厅工作的经验能让我在技术上面有所学习，餐厅项目的参与更能让我了

解餐饮业的商务思维。这样的互补性，可以让我不管在经营职业还是创业的时候，都能更了解整个环境，同时又自主性地能够掌握整个餐饮界的动态，以及自我的职涯规划。原本十年的职业规划、原本十年的创业规划，透过双拼味逻辑，缩短了自我学习进步的时间，换之而来的是缩短迈向职涯目标的成功之路。

在很多人看来，可能会觉得我的经历很不可思议，称职工作的同时还可以创业。那是因为我们一般的认知就是职业和创业是个择一的选择，不是全心尽力的工作，就是无休无眠的创业，如何鱼和熊掌兼具的同时，又可以双双取得一定的成功，这一直是个挑战难解的议题。虽然我看似找到了解答方案，但其中我也做过许多失败的决定和走过不必要的路程，这些都建立了今天的我，以及我对"如何职业＋创业双经营"的见解。

我很喜欢问："你喜欢睡觉吗？"想创业同时又要兼顾职业，你就要有心理准备跟睡眠说拜拜。

人们是怎样把不可能变成可能的？

想象一个你自己做梦也不敢想的目标。比如环游世界，或是登上火星。

如果你绝对不得不实现它，如果你的生命和你关心的人的生命都寄托在这件事上，你会怎么做？你能怎么做？

你绝对会扔掉所有其他的事情。你会朝一个方向一股劲地猛冲，而且你会行动得非常非常迅速。

世界在变，当行业洗牌时，你的优势会在哪里

以前有个世界一百强的百年企业叫做柯达，一直以来有着领先同行至少十年的影像技术，但就在 2012 年它宣布了破产。因为市场全面数位化而柯达没有意识到这趋势，当时的 SONY 变成数位领域的领先者，然而正当 SONY 享受着领先的优势时，才突然发现数位相机卖得最好的竟然不是自己了，而是手机制造商 NOKIA，因为它把每只手机都装上镜头，导致 SONY 近几年亏损连连，陆续关闭业务。后来做电脑的 APPLE 也出来做手机，瞬间把市场份额第一的 NOKIA 逼到面临倒闭边缘，最终以 NOKIA 被微软收购为结局。

LINE 的出现直接威胁到了电信公司的饭碗，电子商务的崛起也逼得传统零售巨头不得不转型。如果哪天卖鸡排的老王开始卖手机的时候，也不用觉得惊讶，因为在这跨界整合的时代，所有产业都在互相渗透。业务模式进化、产业纵横交错，如果原本卖单一产品的销售员变成要卖加值服务的解决方案，或是传统通路的开发专员要变成通路整合专家，你要如何胜任？要如何竞争？如何生存？

未来的职场竞争会跟随着行业的进化而变化，不再是单一技能的竞争、不再是单一经验的竞争。谁都能在技能上学习钻

研，用时间换取单一经验。但谁能够在有技能经验的弹性下，同时拥有整合性和视野性的能力，这样才有竞争优势。不管在什么市场环境，都能够保持你的独特性，才能立于不败之地。

时常问自己一个问题：

当世界不断改变，行业持续洗牌，你的优势会在哪里？你的机会又会在哪里？

到底这些公司在聘请员工的时候是有哪些标准？

到底什么样的创新想法才能突破创业重围？

每一个人其实都有机会找到好的优秀创意和创业机会，但捕捉起来，很大程度上取决于你如何追求这些在你面前的机会，以及你是否已经占据最具优势的位置。换句话说，你是个已经很清楚职涯该如何定位规划的人？还是你完全迷了路，不知道该往哪里走，只是在那等着机会从天而降？

等＝没有，还不如现在马上卷起袖子解决自己的迷惑，找出正确的路径。

2

你的职涯 GPS

进入职场一阵子后，你会开始接触到更多机会，思考到底该怎么走下一步，这是个充满机会的时代，但也该好好规划。不管是职业还是创业，只要在对的时间做适当的 GPS 检视，就可以让你职涯的路走得事半功倍。

2 你的职涯 GPS

这年头当我们迷了路，直觉反应就是把手机拿出来开 GPS 定位软体来找到自己现在的位置。重新定位，然后指引我们下一步该怎么走，才能到达我们的目的地。

人类是群体型动物，我们习惯生活在群组里、部落里。因为我们是跟随者，需要有人领导；我们依赖跟随，几万年前我们就跟随着祖先带领我们踏上进化之路；跟随着长老带领我们去寻找肥沃的土地，定居、建部落；跟随着战士带领我们上战场征服土地；跟随着我们的领主带领我们繁荣我们的家园；跟随着父母的建议教导我们如何上厕所、说话、吃东西。我们甚至跟随着电视上的偶像明星，学习如何穿着打扮。我们是依赖性的动物，一直以来不管在什么情况下我们都有着不同的依赖，那引导着我们的 GPS，只是你没有意识到而已。那么职涯呢？我们职涯的 GPS 在哪里？

在我的职涯之中，也时常隐约感觉到一直有个 GPS 在引导着，但是每个 GPS 所给的引导路线竟截然不同！有的号称可以在最短的时间里达到目的地；更离谱的是，有些 GPS 还甚至会跟我说："想到达到目的地是错的！"这样的情况你一定也不会很陌生。

Where's Next?

妈妈每天说教，指导你该如何规划你的职涯。然后你的叔叔又会来跟你说另一个方向，因为叔叔是“过来人”；连隔壁邻居老王在巷子口遇见你，都冷不防地会给你些意见，你心想隔壁老王一定是对的吧。

你年近四十在科学园区当个小主管，月入稳定还有个美丽、贤慧的娇妻，日子也过得不错！当你正打算过着幸福的小日子的同时，某个工作酒会上和你抱在一起唱周华健“朋友”的老板，却酒后吐真言，大拍桌子表示不认同你的所谓“小幸福”。他认为你能力出类拔萃，有着百年一见的好资质，是群龙之首，也是个优质潜力股！应该以事业为重，闯出一片天。

老板开始给你画个大饼，再用他的视野和远见帮你规划如何吃下这块饼，当一伙人大合唱任贤齐的“再出发”，你开始深信不移地觉得老板是佛心来的，以他的经历和财力，他说的肯定是对的！

你内心的小宇宙也再度燃烧，准备拼出一番事业！但你没想到的是，老板忘了时空、年代不同了，大家在走出蓝海，长尾理论的时候，他却建议你一股脑地冲进红海厮杀，这全因为“他就是这样做过来的”，全因为任贤齐的再出发太激励人心。但没有关系，有心再加上肯努力，就一定能突破重围排出万难，没错吧？

错！人算不如天算，你结了婚有了家庭，周围的朋友、家人开始劝说：“有再好的事业、赚再多的钱，没有幸福的家庭一切都是个空。”你的家人、你的伴侣开始丢出你应该学习当个

"有责任的人"王牌，这时为了当个"有责任的人"你放慢了脚步，又再一次地改了你的职业规划，就为了当个"有责任的人"。结果，你万万没想到世界经济萧条、股市大崩盘、银行缩紧放贷、消费者信心大减、消费能力下降、公司运营困难、大幅裁员、失业率攀升……。你因为在规划时摇摆不定，没有创造出个人的职业价值，导致在就业市场没有竞争力、找不到工作机会。最终，当初的决定到现在却还没有换到"有责任"的风评；"有责任"的人竟是楼下的小陈，因为他仍有份工作。

问题其实就是，我们太过地依赖其他人的建议来作为自己取得成功的 GPS。我们希望借用这些成功人士们的智慧和经验，然后百分之百地复制成自己的成功，但却没有心去努力付出和学习。如果买本自传书或听取某个人的意见就真的能够复制成功，那街上不就一堆巴菲特，连隔壁邻居不也都是奥巴马?

我并不是质疑拿成功人士当借鉴和目标是个错误的做法，我也相信利用这些人的成功来作为人生目标，是个非常好的动力。然而，我认为大多人太过盲目依赖这些人的经验，却没有真正地理解到这些成功人士背后的策略、计划和思考逻辑。

宏观的蓝天思考我很喜欢，它能够推进我们思考得更远、更全，刺激我们的动力，但我更相信，相信实打实的策略，第一步做什么、第二步说什么，正因如此，我在这本书里尽量简化这些复杂的职涯规划和管理流程，让你能轻易地定位，规划和掌握这竞争多变的职场和创业环境。

设定你的 GPS：职涯定位和目标思想层面和态度的自我调适

你是谁？你的优势在哪？

你现在所建立下来的定位是否值得骄傲？是否真正代表了你？

我在大学的时候有人给我了这辈子最糟糕的职涯规划建议，他跟我说：“重点不是你喜不喜欢你在做的事情”，而是“这件事在你的履历表上好不好看”，当时的我深信不移。

有一次，我在校园内的公布栏看板上看到一份兼职工作，时薪挺高的，但一周需要花个十几个小时，反正有钱能使鬼推磨，我也没想那么多就电话一拨，约了时间就过去看看状况。到了工作地点，发现是个律师事务所，他们内部有个自己以前开发的程式，专门用来管理客户资料，以及内部员工的工作流程。这套系统已经开发了许多年，有很多功能已经无法满足现况需求，所以需要有人来在这旧系统的基础上开发新的功能。

这时我心想这份工作接还是不接。我不喜欢律师事务所的严肃环境，即便它是个有名气的公司，虽然我不喜欢写程式，但薪资酬劳很不错，我一周没十几个小时时间，但可以翘课然后晚上自习。可是我最大的忧虑是“我压根不会它们旧系统的程式语言，但这份工作在履历表上的确会很好看!”于是我二话不说接了下来，就这样，我每周花三天时间，在这律师事务所里做着我不太知道自己该做什么的工作。

一个月后，我每周最痛苦的时候就是进去那律师事务所，每次去都想把电脑砸了。在这份工作上，我完全没有取得任何进展，因为还是没有头绪，心想：“这套旧系统的程式语言究竟是什么东西?”倒是我因为翘课来这里兼职，导致学校的成绩直落千丈，原本周末晚上应该开心地和朋友出去玩，竟转变成自闭地待在家里想要闭门自学这旧程式语言，或是追赶学校落后的课程。但事实是，我根本无法专心做到，反而只是躺在床上心想我的人生怎么变得这么黑白、这么的快。六周后我受不了辞职了，这份经历从来也没有在我的履历表上出现过，我甚至没跟任何人提过这份经验（除了这里之外)，就这样我六周的岁月一去不回。

这时的我非常质疑一件事情：“工作真的只是为了让履历表看起来更漂亮吗? 难道不能做自己喜欢的工作，但同时有个精彩、丰富的履历表和经验?”

当时律师事务所的经验让我打击很大，因为他直接地挑战了我的信念。我只想把自己的履历表规划成世界最无敌厉害的履历，但代价却非常痛苦，至少对我自己而言是这样。于是我开始看很多的书，以及成功人士的自传，因为我想知道其他人的成功是不是也这样的痛苦。当然，我不是想要取得简单的成功，而是想要了解成功这过程不能是让人有所期待的吗？当时网路正崛起，所以很多新一代非传统创业家的出现，挑战了我们所认知的传统成功模式。成功人士真的非常得多，但据我的观察，大多都有一个共同点：

不管他是职业经理人还是成功创业者，这些人每个都对自己所做的事情非常的执着，对自己的定位非常明确，对自己想要追求的目标更是无比热情。

不论目前就业和创业环境究竟是好还是坏，好的机会其实一直都还会存在。每个人都有机会去追求自己心目中的完美工作，但是到底该如何规划自己的职涯，让自己无时无刻都处在最佳状态，随时抓住最好的机会。首先，可能要和这些新一代的成功人士学习，还有，我们要对自己要非常理解、定位非常明确，对目标才会有热情。不然，再好的机会也会因为不能和自己契合，最终也只是浪费时间和机会。

所以第一步，一定要确定、认清楚你自己是谁，唯有真正地了解“自己是什么样的人”，才会知道“自己适合什么工作并可以做好自己的职涯规划”。这并不是简单的自我介绍的问题，而是一个非常心理层面的自我了解和定位的过程。有了明确的自我了解和定位之后，再踏出去找寻适合自己的工作或是创业机会，则会事半功倍。

这并非只针对社会新鲜人，若你已经在职也没关系，职涯贯穿一生，并不是百米赛跑，虽然在起跑点上没有做到规划，慢了他人一步，但这是一个漫长的马拉松。重新定位、做好规划，你也可以在后半圈追上竞赛，脱颖而出达到你想要的目标。

GPS 自我定位和设定目标的第 1 步：激发潜意识，让潜意识启动，挖掘职涯定位和目标

如果你常看间课或是动作系列的电影应该对于 Sleeper Agent 这概念非常熟悉，基本上 Sleeper Agent 就是一个经过专业军事训练的特务，被安排执行某个计划，但是在计划生效之前不能暴露行踪，必须以伪装的身份低调潜行融入在一般社会大众之中，待时机一到，特务机构就会发出某个关键词来刺激该特务，启动他。一旦被启动，这名特务就会依照最原先的训练开始执行计划，有可能变成一个杀人机器，有可能变成救世英雄。

其实我们每个人都有个藏在内心深处的一些定位、目标，只是日复一日地生活着，我们会沉溺在日常步调中，上课、下班，没有机会把这些内心真实的定位和目标启动起来，所以生活感到乏味、没有动力，更没有热情地去发挥和期待未来的愿景。这是影响我们职涯规划的第一步，我们需要挖掘出“真实

的自己”，确定职涯的定位，这样才可以有信心的专注在你要追寻的目标上。

因此和电影中的特务一样，我们可以透过一系列的问题来“启动”那最深层、休眠中的“你”，让自己更了解“你是什么样的人?”如此可以根据自己的适合度，顺利地为自己提供最佳的定位和目标。

首先，拿张纸，然后认真问自己以下六个问题：

1. 你如何定义你自己这个人	
2. 你的存在有什么影响	3. 什么不代表你
4. 你以前有什么成就	5. 你当下拥有什么
6. 如果你知道你不可能失败，你会做什么	

1. How Do I Define Myself？——你如何定义自己这个人？

自我了解的第一步，就是定义你自己。你的人生目标是什么？你的热情是什么？你的价值是什么？你的优缺点是什么？当你能把这些点定义出来，并用文字来表达、诉说，这就意味着你很清楚地知道自己的价值所在，以及你对自己的人生有很明确的目标和期望。别看这几个简单问题，对大部分的人来说，这可能是第一次认真思考的问题，所以在回答上会很有难度，但当你认真想过之后，就会对自己更加的了解。

2．Why Do I Matter？——你的存在有什么影响？

你的核心优势是什么？你在这世界上能贡献什么？你能够为朋友付出些什么？别人为什么要花钱雇用你？这些问题的答案应该会是一样或是类似的。如果你的答案不是如此，那就只有一种可能性，就是你并没有很了解自己真正的核心影响力是什么。你可能会觉得自己有很多优势，但其实你真的只需要一个强势并且明确的优势就好，而非什么都是优势，导致失去重点还失焦。当你真正能够了解你的影响力在哪，你就能够呈现你的影响优势。

3．What Don't I Stand For？——什么不代表你？

什么事情会让你难过？你不能忍受什么事情？什么不是你的专长？你不想被什么东西联想在一起？通常，我们都以正面的问题来了解自己，也比较容易答复。负面的问题我们通常会选择逃避、不想面对，但越是能够了解"自己不想代表的"和"让自己反感的"，就更能够轻易地确保你以后不会变成"你不想要的自己"或是"做不代表自己的事"。另一个看法就是，越知道自己不是什么，就越能确定自己是什么。

4．What Are My Past Accomplishments？——你以前有什么成就？

回想一下，从以前到现在，你曾经有完成什么事情值得骄傲？有什么特别的作为？不一定是要惊天动地的成就，亲手盖了个宠物的窝，去育幼院做义工，挑战马拉松比赛，完成公司的重要专案。成就可大可小，当你开始列出这些大小成就的同时，你会发现其中有共同的点，这些成就体现了你这个人的本质、个性，它诉说了你的故事，你的过去造就了现在的自己，想想你是如何实现这些成就的？当初你为什么会做这个决定？透过这小成就你会更了解自己。

5. What's Right Under My Feet？——你当下拥有什么？

如果你朋友向他的朋友介绍你，会怎么介绍？同事会怎么说？家人会怎么说？在大家眼里的你是怎么样的一个人？给你的评价是什么？最好是能够知道并真正了解大家对你的真心评价，甚至可以直接问对方。你现在有的评价是你想要的吗？跟你自己的定位是不是有落差？如果是有落差，那就有两个可能，一是真实的你没有被正确地传达出去；二是你并没有正确地定位自己。你想的和实际的你有落差，因为毕竟别人对你的评价只是你真实定位的延伸，所以需要清楚了解现状，才能对症下药。

6. What Would I Do If I Knew I Could Not Fail？——如果你知道你不可能失败，你会做什么？

这是一个关键的问题，这个问题能够解开你到底代表的是什么。当你知道你不可能失败，所有顾虑都不存在，问问你心里的最深处："你想做什么？"你就有机会一窥到什么才是真正对你最重要的事，以及你对什么最有热情。虽然这并不代表，也不能定义你最真实的自我定位，但可以从中体会到你最深层的欲望。

当你在回答这六个问题的同时，其实已经默默地激发了自己的潜意识。你可能觉得眼前的这些关键词，已经是你的马斯洛自我实现结果，但并非如此，因为要真正达到自我实现，是个漫长且深奥的过程，而且这不是我们要达到的目标。目前，我们只是要让你脑袋里的潜意识，对这些关键词熟悉，让你在不知觉中已经对这些字眼进行分析。

现在把这些关键词再一次抄写到另一张纸上，然后认真地看这些关键字。第一次认真地花 15 分钟重复看着，然后想想这上面所写的字，看完后隔一个小时再抄写然后看第二次。这次只看 10 分钟，一样边看再仔细想想上面所写的字，看完后再隔一个小时，这次再抄写然后把这些关键字直接念出来，不需要想，重复念五次之后把这张纸撕了。

这样紧凑、不断地反复阅读、思考、放空、阅读、思考、放空，让脑袋里产生对于这些关键词的熟悉感。这是为了不要有太多、长期的曝光时间，导致关键词完全烙印在脑袋里。我们只要增加脑袋对于这些关键词的敏感度，以它作为引导来挖掘在自己脑子里深层的自我定义。经过以上的动作，其实你已经激发了你的潜意识，现在就让你的潜意识自己的动起来。什么都不要想，等隔天睡觉起来后就开始做下一步骤，开始把你的目标视觉化。

GPS 自我定位和设定目标的第 2 步：定位、目标视觉化，锁定前进，让你无时无刻激励自己

在 GPS 定位的第一个步骤中，几个简短的问答里，其实你要得到的不是那些关键词来决定“你”的定位和目标，而是要让你用这些关键词来启动你的脑袋作业，并开始慢慢地反复思考、探索、自然提炼，来挖掘那最真最深层的你。深层的你期望的定

位是什么？深层的你追求的目标是什么？

经过第一步骤的启动，慢慢、渐渐地，一切的不确定其实已经不知不觉中变得清楚很多。现在的你，已经更了解深层的自己，更知道自己的定位和目标是什么，只是现在的你还没有意识到，更无法用言语表达出来。这是正常的，因为这些意识都还处于最原始、真诚、无处理的状态。

通常，从我们右脑所产生的意识，在我们想要用言语表达意识的时候，就会自动用理性的左脑来处理它，这时候我们的顾虑、考量、纠结，就会被掺杂在里面，我们的定位和目标又会再一次地被模糊掉。这不一定是我们真正、深层的意识，而是理性又战胜了我们。为了不让这事情发生，这也是为什么我们在第一步的问答中所得到的关键词，只能用来做导引，让它来启动我们的右脑去做深层的摸索。这样就能够让我们的定位和目标真诚地表达出来。再来就是透过“视觉化”的过程来完美的呈现出我们的意识。

· 目标视觉化

视觉化是形成精神意象的过程，所谓的意象也就是“意”与“象”的结合，是思想意识与具体物像的完美呈现。不做多余的处理，直接把这深植于心的意识透过图像，原汁原味地表现出来真实的目标和定位。在视觉化的过程中，什么都不要顾虑，你在建设自己的未来，完全不要考虑成本和可行度，除了你，没有任何人可以限制你追求自己的目标，只要确保目标清晰明了。因为这份视觉化的目标，将会是让你锁定目标前进，和让你无时无刻激励自己的重要工具。

视觉激励并不是个魔法，人类是非常视觉导向的动物，把目标视觉化、图像化，是能够有效帮助、提醒、鼓励你实现目标的激励机制。人类从几千年前就开始使用视觉激励来达到预期的目标，古老的原住民在出发去打猎前，就已经会使用胜利巡猎的视觉图像来激励士气。时间转到今日的时空，从销售团队到军事训练，也都还可以看到使用视觉激励来协助达到目标。事实上心理学的研究也显示，运动员在视觉激励下肌肉机能会有所提升，举重选手在举起重量时所启动的脑部活动，和光透过视觉图像，即心里所想的举重时的脑波活动相比，非常类似。

现在就来动手把你的定位和目标视觉化，然后做成视觉目标板。若你从来没有制作过视觉目标板的话，制作起来其实非常简单，你只需要以下道具：

1. 一个大纸板，或是软木塞版
2. 剪刀
3. 大头针或胶水、胶水
4. 胶带
5. 杂志（商业、美妆时尚、运动休闲、房子装潢、旅游等）
6. 你向往的公司品牌、商标
7. 你自己的大头照

等你有了这些材料，就可开始翻阅你所准备的杂志资料。看到觉得代表你想追求的目标图片时，它可以是旅游地点、想要就职的公司环境、商标，你想穿的品牌、你想开的车、你想要变成的人等，只要是你向往追求的就把它剪下来。将这些剪图整理好后，暂时先放到一边。现在，再继续翻阅手边的杂志，这次寻找的是最代表你自己的一些图案，你现在做的工作、你喜欢的食物、你喜欢的运动、你养的宠物，只要跟你现在生活搭得上边的就剪下来。

现在你手边应该会有两组剪图，一组是最能代表现你现状的图画，另一组是最能代表你目标的图画。这时你可以拿出大纸板，然后在纸板的正中央把你自己的大头照贴在上面，然后开始在你照片的周围，把你现状的剪贴图围绕贴好。当你把这组剪贴图都贴完之后，再开始把你目标的剪贴图往外围扩增，直到把全部贴起来。完成之后，你的大纸板应该会是这样的排列呈现：纸板中心是你的大头照片，周围环绕着你现状的剪贴图（也就是你的定位），再往外一圈会是你的目标剪贴图（也就是你的目标）。

直接透过意象，然后转换到图像的过程，我们少了其他的干涉，这是最原始、最直接的意象表达，也就是你深层的定位和目标。当你完成这个视觉目标板后，找个地方贴起来，最好是能时时刻刻都看得见的地方，或把它当作电脑桌面。因为利用视觉将你的注意力集中到目标上，注意力有助于你保持长期的热情。人一旦失去注意力就会丧失热情，因此只要时刻刻都让目标牵住你的注意力，将帮助你保持热情并建立信心。

GPS 自我定位和设定目标的第 3 步：持之以恒，保持你的热情

精神意象的激励是一个重要的职涯规划过程。但是，仅仅靠精神意象并不能使你获得任何实质性的成就，为了实现你的理想，你还是要在建立强大的精神意象后，有着实质的规划，清楚知道该达到目标过程中的里程碑，让你逐步的实现梦想。我们往往只看到现在的成功人士，感觉他们有着和普通人天差地别的精神意象，但却忽略了他们对于“如何达到目标”有着全面又长远的规划，以及周详的策略和细腻度，还有不顾一切

实现目标时的执着。

在这里和大家分享一个小故事，有三个好兄弟一同相约出游去寻找赚钱、发财的好机会。有一天他们逛着逛着来到了一个处在深山的小镇，在这小镇里三兄弟和当地的居民打成了一片，变成无话不说的好朋友。就在这做客的时间里，他们发现了一种又大又香，水分多又甜的水蜜桃。经过当地居民的介绍才得知这个小镇最出名的就是这水蜜桃，许多人都会慕名而来品尝。三兄弟机灵地嗅出商机，一致认为这是个难得可贵的机会，也正是他们三兄弟一起踏上寻财之路所期盼的结果，三兄弟把他们的故事和当地居民述说之后，这些热情的居民被兄弟们感动，于是决定帮助这热血的三兄弟。

虽然机会到手，但这三兄弟性格与风格截然不同，对于如何规划和处理这份机会有着不同的想法。在无法达成共识的状况下，三兄弟亦然地决定分家，各走各的路。

第一个兄弟是个实践派的人。决定分家后的第二天一大早他马上冲到水蜜桃园，二话不说直接用全部的积蓄购买了十几吨最好的水蜜桃，运回家乡，然后以两倍的价格出售给当地的水果商。就这样，第一个兄弟开始了水果贸易的生意，成了三兄弟里第一个赚钱的人。

第二个兄弟是个精打细算的人。决定分家后他立即拿起手边的计算机开始计算起来，拿起旁边的笔开始规划起来，几天后他跑到水蜜桃园，用一半的积蓄购买了几百颗最好的果苗，回到家乡后，再用另一半的积蓄买了一大片农地，把果苗全部给种上。在后面的几年时间里，他天天细心呵护着这些果苗，浇水灌溉，看着他的水蜜桃树慢慢长大。

第三个兄弟是个深思熟虑的人。决定分家后他并没有立即行动，一连几个礼拜都绕着水蜜桃园晃来晃去、走来走去，他甚至卷起袖子无薪地当上了小园丁，帮助果园的主人种植和照顾这片果园。一转眼几个月过去也到和这小镇告别的日子，这时居民们和小兄弟说道：“小伙子，看在你这几个月这么努力地帮我们照顾这片果园，我们决定送你一份礼物当感谢你这几个月辛苦的付出，看看你是要十几吨的品质最好水蜜桃，还是要几百颗最好的果苗，都送你带回家乡创业。”小兄弟摇摇头说：“我都不要！”居民们不解的愣住，小兄弟弯腰在地上捧起一把泥土然后恳求的说：“我只要这一把泥土，我其他都不要。”居民们看着他，笑了并同意送他这一把泥土。

小兄弟带着这把泥土兴高采烈的返回家乡，回去后第一时间请了专家化验，分析泥土的各种成分、湿度等。之后他承包了片土地，用了整整两年的时间，耕耘、培育出与那把泥土一样的土壤。最后，他在上面栽种水蜜桃果苗。

十年过去了，三兄弟的命运截然不同。

第一个兄弟依然的从事他水蜜桃贸易生意，从产地运回来销售，但因为市场竞争，每年赚的钱越来越少，有时候水蜜桃在运输过程损耗太大，甚至赔钱。

第二个兄弟因为自己栽种果苗，所以在家乡已经拥有自己的果园，但因为土壤的不同，水蜜桃长出来却没有小镇所产的水蜜桃那样又大又甜。不过，自己栽种成本相对比较低，加上没有运输的损耗，还是可以赚到不少利润。

第三个兄弟，也是三兄弟里最后拥有并成功收获水蜜桃的人。他栽种的水蜜桃因为有肥沃的土壤，每个水蜜桃色香味甜，引来无数的客人，总能卖到最好的价格。最后，他的水蜜桃变成家乡最著名的特产。

这故事告诉我们，一样的机会，不同的选择，会产生不同的结果，三兄弟个个聪明，并能在某种程度上都赚到了钱。不过，最先赚到钱的人不一定赚得最多，谁能规划得周到，谁能持之以恒地一步步达到目标，谁的收获就最多。第三个兄弟不像其他两位兄弟，没有急于一时，考虑得周全才行动：先是在园里绕着、观察了解地形学习如何挑地，再来卷起袖子帮忙栽种，清楚了解土壤的重要，最后无薪地当起了园丁，感动了居民因而换取到了宝贵的土壤，有了土壤、送去分析最后才成就了他的水蜜桃事业。从起步的定位规划，到在每个阶段环节该达到的目标都一一的设想到，虽然起步慢，但始终成为最成功的那一位。

记住，职涯不是百米赛跑，能够顺利跑这场职涯马拉松，唯有秉持以下三要：

1．持之以恒

职涯是不能强求立即感受到成果。即使一开始看似是遥不可及的目标，仍可慢慢、踏实地逐步迈进。持之以恒地坚持努力，才是在职涯马拉松成功的唯一捷径。

2．乐在其中

为了持之以恒地在职涯路上坚持下去，最重要的是发现职涯上的乐趣。例如寻找你的职业热情、寻找自己喜欢的产业，甚至是找个你职业生涯的导师，这些都可以是你在职涯中，鼓励你、激励你，让你保持高度热忱的秘诀。

3．量力而为

在很多事业心很重的人身上，经常可见的案例就是过度的自我要求，结果因为压力过大或经验不足，不得不放弃。所以还是得量力而为，不要心急，充分打好专业基础，才能稳稳地追求目标。

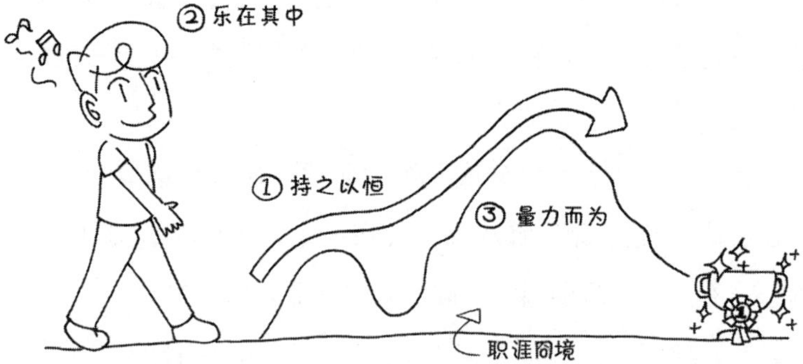

职涯阶段里，在对的时间
做适当的 GPS 检视，让你事半功倍

设好你的 GPS 并不代表终身职涯已定位，在每一个阶段的人生我们每个人的职涯规划价值观会因时间的改变而变化着。两年前，当一个人谈到自己的职涯定位和人生目标时，可能还是一个方向，现在两年后再问问他，方向可能已经大不同。

一个阶段的领先，不代表永远的成功。这其实是非常常见的，但是只要我们不时地回去检视，修改一下目标其实还是可以即时地纠正回来，走回当初决定的路。职涯的阶段之分只是个引导的工具，让你在不同的职涯阶段去不停地检视自己的现状，问题越早发现越能够省下不必要的资源和时间，把精力的重心放在追求实质的目标。之前我提到职涯贯穿一生，你跑的是一场马拉松赛跑，你越是能了解这场马拉松要怎么跑，就越能够及时地规划并且在对的时间点做对的选择，处于马拉松的优势地位。

整个职涯其实可以分成几个大阶段，还记得这本书一开始我在讲的“连连看”游戏吗？现在要拿回来做个借鉴讲一下，画连连看的几个阶段跟整个职涯其实是非常的类似。

> “连连看”第一阶段
>
> 起步很重要，凡事不要输在其起点上，在开始动笔之前详细地看纸面上所有的点点，幻想一下这些点能够画什么东西之后才选个好地方开始着笔。

职涯第一阶段

当你准备离开学校踏入社会时，你会开始幻想自己以后的职涯会是怎么样？自己能够达到什么目标？市场上有许多的机

会，还有更多的可能性，只是要在哪里落脚这就是踏入职涯的道路所需要做的第一个抉择。你的职涯第一站会是从哪里起步？好的起步能够事半功倍。

"连连看"第二阶段

选好了着笔点之后，着笔的附近肯定有许多其他的点可以连接，先别急直接连结到下一个点，这时要想一下，下一个点怎么接，该选哪一个点，这样再接着连接下一个点也会比较好接。

职场第二阶段

当你进入职场后，你会开始体会到不管做得如何，你的周围会开始冒出许多的机会诱惑，这有可能是你对现状的厌倦，或是看到别的更优越的机会，这时候的你因为社会经验还不算多所以无法判断机会的好坏。别的公司、别的产业、别的专案，太多的选择，此时的你应该冷静一下，思考到底该怎么走下一

步。虽然刚出社会的你因为还年轻，有时间让你尝试、冒险一下，体验之前没体验过的，或是你有兴趣的，这是个充满机会的时期但也是该开始好好规划的时候，好好把握。

“连连看”第三阶段

真正开始画了几个点之后，心里大致上会有个底，可以分析下纸面上的点点到底够不够，或是目前为止的状况，自己是不是能够继续完成当初所设想的图案，是不是可以继续下去，还是得另换构思。

职场第三阶段

现在的你工作可能也换过了一两个，如果创业也换过几个方向，对你自己的能力与内心所好应该也有相当的了解，机会的延展也会有个预期。这个阶段是个茫然的阶段，身上有着一些经历，生意不上不下，工作学习程度也卡住，热情开始被枯

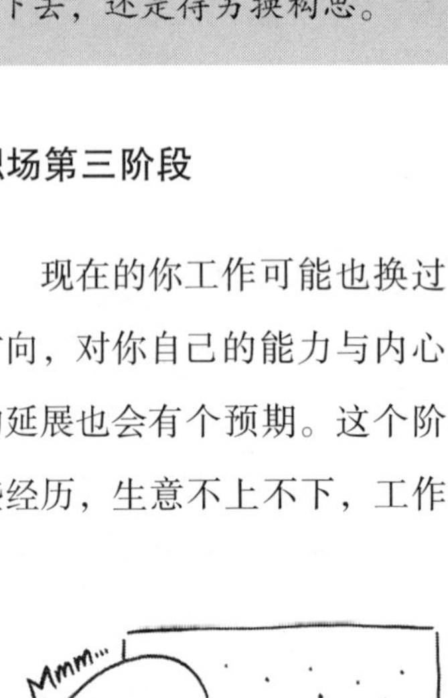

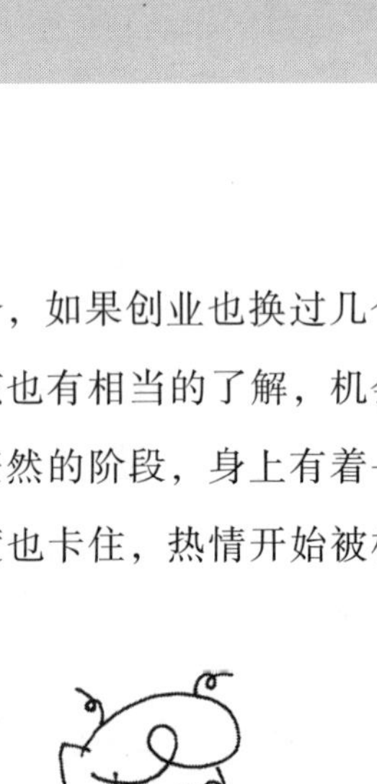

燥的日常琐事给慢慢浇熄，工作开始成为日复一日的负担。是时候该重新检视一下了！这是否和你原先长远的目标一致，你是不是能够继续维持热情和方向，还是需要另换跑道？

"连连看" 第四阶段

分析完方向之后，心理应该也确定了自己要的最终图案是什么样子，可以好好地策划一下该怎么去用剩余的点点来完成这张图。

职场第四阶段

职涯到了这个阶段对于自己职业和创业的发展性因该心里已经有个底，目标也会非常明确，若是不明确的话就得尽快重新检视，看看目前现状是否还有另可发觉转型的机会。现在的你如果重新定位，在某种程度上可能会有比较大的转型成本，

不管是经历、人脉，还是酬劳都会打折、牺牲，但如果真是定位不对，不用怕！这也是你最后的重新定位、改变的机会。如果目标已经非常明确，这阶段也就可以认真、周详地策划，看看是否有更快的捷径来有效率地尽早达到目标。

"连连看"第五阶段

最后冲刺把画完成！

职场第五阶段

目标确定，已不需重新规划，现在只顾着专注精力，检视自己的硬技能、软技能，看看是否有足够的软硬资本来做最后的冲刺达到目标？不够就去学，够了就全力以赴！

最后，不管你的定位和目标锁定后是打算专心经营你的职业还是创业，只要在对的时间做适当的 GPS 检视，就可以让你职涯的路走得事半功倍。定位和目标已定，接下来我会讲解该如何规划你的职涯蓝图。

3

BUILD
打造你的职涯蓝图

每个人的职涯目标和规划都不同，这里提供“B 基础、U 独特、I 有意思、L 借力、D 出众”五个新观点来规划你的职涯蓝图，要你保持初衷，确保自己依旧在正确的轨道上持续迈向目标。

3 BUILD 打造你的职涯蓝图

我是个热爱运动的人，网球、篮球、高尔夫、击剑每个运动我都特别喜爱，可能跟我好爱竞争与挑战的个性也是有关系，但是不知道为什么我从来没有对跑步很感兴趣过，什么路跑、夜跑、COLOUR RUN 的，全都没参加过。

只记得，小时候体育课都会有各项田径项目需要参与，百米短跑我不是很擅长，即便我动作很快，可是简单的直线跑步倒是不怎么会跑，因为每次只要在起跑点上，我都会过度紧张害怕，不喜欢那开跑枪响起的时刻，因为枪声一响我都会被吓到慢半拍，完全是输在其起跑点上。

唯一我倒是跑得还算可以的是距离长一点的马拉松。我本身就比较娇小，而且瘦巴巴、晒得又黑，跑起步来颇有非洲马拉松选手的架式，虽是这样说，但我其实也不是特别厉害，就是还可以而已。还记得经常会跟很多同学跑个大概五百公尺，大家跑不动就用走的，或是跑到一半就放弃。基本上我的耐力还算是不错，跑得就算再累还可以靠着意志力撑下去，所以整体来说跑得还算可以。

就在最近，不知道为什么心血来潮决定开始来跑步、运动一下，于是来到了家里附近的体育场。这么多年来的第一次跑步，也不知道该如何设定目标，不过心想：“跑步而已能有多难!”加上自己又是个爱运动的男孩而且经常在打篮球，体力不错，应该可以轻轻松松跑出个亮眼的成绩，并打算用最短的时间跑个几圈。

那天的天气不错，我拿起手机设定了跑步模式，站在起跑线上和我身旁穿着全身粉红色整套 BURBERRY 运动衣的健走大婶打个招呼，就冲刺的跑了起来。不到几分钟手脚不自觉地交互韵律了起来，身体也开始在跑道上随着手脚的摇摆弹跳着，呼吸进入规律的节奏，清爽的风也轻轻地、渐渐地加速打在我的脸上，有风切的感觉！我的身体进入了跑步最佳状态，整个人就像是交响乐团演奏着一个完美的贝多芬第五交响乐曲，感觉棒呆了！我抛开了一切杂念心里只有一个目标，跑!

就当我整个人进入“追风男孩”的情景时，一股沉重的压力突然在胸口压迫着，呼吸被打乱，心脏好像有种绞痛的感觉，心想，可能是太专心跑到忘我境界，以至于身体已经透支都没意识到。“好吧！休息一下!”我放慢了脚步慢慢地停了下来深呼吸一口气，把气息调适回来。“不错，心情很舒畅，即时的放慢脚步、调适步调，真是对的!”正当我沉溺在自我欣慰鼓励的时候，忽然旁边有个闪亮亮的物体从旁边经过，哇咧！是粉红 BURBERRY 健走大婶，怎么追到我的？我及时回头一看才发现，哇！原来我只跑了不到一百公尺……

职涯马拉松：不断地挑战，不断地突破，未到终点胜负还未定

职场其实就是一场漫长的马拉松。

很多年轻人刚进职场找了一份工作，进去就开始做了，对于规划也没有想太多，一心只想做事情。这是理所当然的！读书读了那么多年终于有机会表现自己，就一头栽下去地埋头苦干了起来，同时又因为社会经历不够，也不晓得自己要的是什么，所以 JUST DO IT 就做吧！

上班之后对于第一份工作非常地珍惜，一开始就全力以赴，同时也许会得到许多小小的成就，并开始觉得工作很能够轻松的驾驭。这其实是可预料的，一个入门级的工作对于应届毕业生要求通常不会太苛刻，做的事情也是比较没有压力并且轻易上手的。久而久之，就慢慢地陷入陶醉，自我感觉太好，大头症开始产生，导致“自己觉得付出并没有得到相对的认可或金钱上回报”的恶性循环，对于现况，看到什么就讨厌什么，什么事情都不对了。老板不对，公司不仁，报酬不够，压力过大等，随便找个借口就轻易地离职，并给自己放个大假，或用充电或换跑道等借口来美化。一旦休息够了，积蓄用完了重新出来找工作才发现，“喔……原来当初以为自己的近神化状态其实也没什么。”休息充电的空白，反而被当初自己觉得太保守，稳

扎稳打的土包子追上，自己已经没了优势，沦落到与更新的应届毕业生一起在抢同一份工作。

OK！知道规划的重要性之后，到底该怎么规划自己的职涯蓝图？其实这世界上没有绝对的方式能规划你的职业生涯，并保证你的成功。上 google 搜寻一下职业规划可能会有上千万的网站结果，看了都头昏眼花。若是依照过去上一代的思想逻辑，“专心地在一个行业埋头苦干，成为一名专家”其实还是一个不错的选择。但现在整个大环境正快速地在不断变化、进化，什么时候又来个经济大萧条很难说得准；什么时候自己的专业开始被新科技取代，甚至被机器人取代；或是其实世界没有什么太大的变化，只是你身边多了许多和你一样的“专业”人士，两个人履历表摊开，分不清楚差异性，既然都一样那就请薪资较低的那个，因为“便宜又大碗”！职场到底会变成怎样，这些都是很难说的。

每个人的职业生涯是独特的，好比一个人的长相会随着遗传、历练、环境、改变着，每张脸都有它的特征和故事性，每张脸都是独特的。唯一不同的是，长相的改变并不是你自己能够掌控的，它是自然形成的。当然除非是去整形，但那是另一回事。相较之下，你的职业生涯是“你”可以透过规划和努力去改变的，因此你的职涯会长怎样，“你”有能力去决定。

BUILD 打造你的职涯蓝图

再回到之前所提到的连连看（connect the dots）游戏上。到目前为止，我们了解了职场就像一场连连看，千奇百变，无时无刻都有新的机会，无时无刻都有无法预知的改变。另外，我们也提到过如何在这连连看的职场中透过 GPS 找到职涯的定位、设定未来的目标，指引我们不会迷失方向。现在我们的规划还差一步，那就是该如何来达到那遥远的终点。

有时候饼太大块吃起来有点累，分成小块小块，再一点一点地吃，反而感觉简单许多。实现最终职涯目标也是一样，把看似太遥远的目标变成眼前可实现的里程碑，就能够在这职涯旅程中走得更准确和轻松一点，当然同时也能走出自己的与众不同。

记得每次玩连连看的时候，除了运用到之前所提到的游戏逻辑之外，我还发明了一套自己的连连看系统。因为事实是连连看这游戏玩久了，任何人都可以慢慢琢磨出一套逻辑而变得能够很轻易地完成一幅涂鸦出来。我之所以会开始自己规划出新的连连看系统，是因为不只想要和一般人一样只是涂鸦而已，我想要自己每一次的涂鸦都能惊艳，每一次的作品都要有不同之处。试想，当一般人都在专注于画一个单一的涂鸦，例如：某个动物、某个人、某样用品时，若你的涂鸦更丰富一些，而不是孤零零的，像是一只狗长了双翅膀、穿了鞋，再加个背景，背景旁再放个地标物，这样就能增加话题性！你可以把涂鸦画得好、画得快，但你也可以赋予你的涂鸦独特性、给它些故事性，它就会更出众，而不再是单一的连连看而已。

基本上我称这套规划系统为 BUILD 蓝图，这蓝图规划分成了五个阶段：BASE、UNIQUE、INTERESTING、LEVERAGEABLE、DISTINCTIVE。

简单地拿下图这只狗狗来和我的涂鸦狗狗做对比。

在 BASE 的阶段，我会花时间把这只狗狗的图形先画出来。

在 UNIQUE 阶段里，我会让这只狗狗长双翅膀，以增加它的独特性。

再来在 INTERESTING 阶段，我让这只狗穿起了鞋子，以增加趣味性。

LEVERAGEABLE 阶段的重点放在背景上，因为背景的设定决定了其他延展的可能性。

最后在 DISTINCTIVE 阶段里加上一些大家熟悉的特色，例如地标，可以引起大家的共鸣。

职涯规划也是一样的道理，它最终的目的就是要让你的职涯路走出与众不同的样子，所以我在规划连连看时所发明的蓝图流程，相对的也可以运用来规划职涯蓝图，用法基本上一样，把规划还是分成 BUILD 这五个阶段：BASE、UNIQUE、INTERESTING、LEVERAGEABLE、DISTINCTIVE。

BUILD 职涯蓝图的五个阶段用意其实非常单纯，每一个阶段里都有个清晰、明了的里程碑，这些里程碑可以让我们走出与众不同，并且往 GPS 所指引我们的长远目标前进。基本上 BUILD 的职涯蓝图理念就是：“有好的起步才会对工作有热情，有热情就会有机会培养独特点，有独特

点才有吸引力，有吸引力才能有好发展，有好发展也才能够谈到好酬劳！”至于每个人怎么运用 BUILD 职涯蓝图在自己的职涯规划上面，就要看你是如何执行每个阶段里的里程碑。

当然这需要一些想象力来看会比较清楚，所以让我们来讲个故事。

小美，刚大学毕业，读的专业是英语系。

小美是比较内向的处女座，谦虚但头脑清晰。

小美在家里是长女，为人处事还算是认真负责任的。

小美虽然话不多但是个性随和，而且喜欢认识新的朋友。

刚从学校毕业，小美便准备进入职场好好表现。对于未来的目标，她已经透过 GPS 流程找到自己的定位，想在英语领域上有一番作为。但如何一步一脚印地去实现它，她目前还不是很清楚，所以我们就透过 BUILD 阶段来探讨如何实现小美的职业蓝图。

B：Base 基础

工作三年以下，选对行业，基本功才是王道！

小美很清楚知道自己要在英语的领域上发展，至于是哪个产业和职位，小美是一点概念都没有。像小美这样情况的例子非常普遍，刚从学校毕业的人，对于就业市场是什么样的概念不是很清楚，更不清楚职位和行业间互相的区别。职业生涯的前三年，重点其实很简单：重心要放在职涯的基础建设上面，也就是要先厘清你选择的行业，再来就是狂练基本功。基本功打得越好，越能够在工作上得心应手，做起事来有效率又专业。

对于小美来说，从来没出国留学的她，虽然是主修英语，但是碍于现实环境的问题，英语实战经验比较少，这点小美很清楚，因此她也想透过工作快速进步。有了这明确的方向后，小美开始找寻可以让他实际利用英语来工作，很快第一份工作机会就来了，是在机场的贵宾室里当储备干部。这个英语环境完全提供了很好的平台，可以让小美专研自己的英语技能，而且还可以认识各式各样的人，相当符合小美本身的个性。

任何一项职业技能大概在做了三年之后，已经可以说是：该学的都学了，该做的都做了。技能发展已经达最大化，做事都会变成本能反应，不用多想都可以做到“快狠准”的境界，并完成手上的工作，这就是你出社会前三年内所需要达成的目标。

U：Unique 独特

工作三到五年，独特让你独一无二！

小美在工作了几年后，英语技能已经大幅提升，整个人就像是从国外回来的 ABC，在英语领域上该学的也差不多都已经学到了。英语不可否认在职场上是个非常有优势的技能，但是却已经是个相对普遍，全民都多多少少会一点的语言。即便在英语这方面打了很好的基本功，但还是无法把自己跟其他数万个都会英语的求职者做个有效的区分。

工作三到五年的这个阶段是求职者最容易失去独特性的时候，因为每个求职者的工作经验普遍都算浅，彼此也都还没有经历过太多舞台进而表现自己的能力，所以很容易一个不小心

就变得“很普通、和大家都差不多”，所以工作三到五年的这段期间里，你必须努力地建立自己的独特性。

小美由于第一份工作是在机场贵宾室里，每天都有机会碰到不同的人，更因为是在“贵宾室”，这些人都是在生活或工作上有所成就的人，尤其商务人士更是主要的客群，小美随和的个性很快就让她在这里认识了不少商业界的老板和主管。这些老板主管们对于小美的认真态度特别地喜欢，更对她的英语能力感到惊叹。在这样的因缘巧合下，她获邀到大公司里担任商务英语老师，帮企业的职员们提升英语水平。努力的小美在每次上课前都准备得特别完善，授课时也特别细心，慢慢地她在整个商务界里的知名度打开了，成为商务英语界里当红的老师，走出独特风格。

所有的工作机会都有可能让你走出独特的风格来，如何定义你的独特性，可以从你擅长的领域或是从个性方面来下手。找到符合自己风格或技能的领域，在工作三到五年的这段时间里，努力地把自己的工作做到最好，若有机会就接下一些特别的项目来做、接受新的挑战。在你的基础能力以外，证明你会善用技能在其他的特殊状况上，这些一点一滴的经验，都会增加你的独特性并和其他人区分开来。

I：Interesting 有意思

工作五到八年，有意思，才有意思！

小美的能力和独特性已经是大家有目共睹的，作为一个独力贡献者没有人会质疑她的做事能力，但对于小美来说，她的抱负远远超过只作为一台机器里的小螺丝，不管这颗螺丝有多大、多重要。小美知道现状对她来说可能不是最理想状态，甚至发展可能会受限，于是小美开始往外看看是不是有其他的机会可以尝试。

小美的好人气让她得到了很多友人的协助，好口碑加上认真的态度马上让她和某科技上市公司的老板有了面试的机会。这位老板对小美的英语能力当然也是赞不绝口，交谈的过程中小美那追求完美和乐于服务的处女座个性也展现出来。这位老板灵机一想，小美的做事能力，加上在教商业英语时候的企业沟通能力，再加上那追求完美乐于服务的个性……公司里正好

有个新职缺符合小美这样的人才，于是给了她一份工作机会。小美就这样接受了这份工作，到了这家上市公司里担任企业形象和文化推广的要职。

职业基础打得好可以证明你的做事能力，独特性可以让你在人群中脱颖而出，但对雇主而言，真正能把你的职涯变得有意思、有吸引力，还是要回归到你的专业经历。过去的雇主是谁？职位是什么？工作五到八年这段期间里，你的薪资应该已经达到一个还算稳定的水平，这也同时意味着你的薪资对雇主来说不会是个轻的负担，所以光凭会做事和独特性已经不够。雇主还是需要看到你“有意思”的地方，新雇主往往就是从你过去的经验来判断。

> 工作五到八年这段期间，重点放在选择好的雇主，知名度越高越好，负责面试的主管或人事经理往往都会有个狭窄的想法，那就是“这家公司都雇用过你，那一定不会有问题”，因为这对他们来说是降低了用错人的风险。除此之外，还要专心培养你的工作职位，这些都会为你的职涯增加更多的吸睛度，让你的履历对雇主来说更有意思。

L：Leverageable 借力

工作八到十年，应用多元化，机会全面化！

经过多年的努力后，小美已经慢慢成为大家眼中的专业人士，社会新鲜人向往的目标。在企业形象和文化推广这个领域上小美做得非常出色，但一直感觉在现在的职位上虽然一切做

得非常顺利，却总没能够在整个公司里占到一席之地，也无法扮演一个举足轻重的角色。公司里有新的专案也不会有机会让小美参与，这并不是质疑她的做事能力，而是老板们并不觉得小美的专业技能可以帮助专案顺利进展。小美发现在她现阶段的成功，对于未来的发展来说并不代表是一件好的事情，因为其他人普遍会认为她的能力仅限于在这个窄小的领域里，无法胜任框框外的其他领域。

对于这样的看法小美并不服气，她开始努力地去学习其他技能，争取尝试其他的挑战，经过几次别的领域的尝试后，老板发现其实小美本身擅长的技能并不限于在单一领域上，其是在和客户谈判上的表现，以及英语能力是可以借力到别的单位上，并为公司带来价值。于是，小美被提升到销售部做国外客户的开发主管，成功转型进到公司的核心要职里。

职场经历来到八到十年，你已经算是职场经验老手，透过职务应酬认识到许多商业界的主管，有着累积多年的人脉。然而，这时候的你却没有过去刚入行时那么多人在帮你介绍工作和挖角。你已更有能力、更有经验了，照理来说应该是更能胜任新的工作，甚至是要有人挖角你才对，但事实非如此。刚进职场的你没有太多经验和包袱，却可能是个能力很强、很能做事的年轻人，可塑性高而且薪资低，才会很多人抢着要。现在的你，从经验来说在某程度上也已经算个半专家，因此多数的人会认为你除了相同领域的经验以外，很难在其他领域和专业上有任何的贡献。

工作八到十年的这段期间，你需要有更多的心思放在经验和技能的多元化上，并让其他人看见，觉得你是可以跨领域取得成功，或甚至可以借力于你的技能、经验进而带来更多的效益。你越是能够展现你的多元化，机会也就会更全面化！

D：Distinctive 出众

工作十年以上，出众才能与众不同！

终于，小美的职业生涯走到了这里，从机场贵宾室、商务英语老师，转战企业形象推广，到最后变成上市公司销售主管。一路走来小美秉着努力和认真的态度，走得精彩并得到大家的喝彩。从以前到现在的经历可以看得出小美已经为自己塑造出一个独有的形象：以英语为核心，发展到一个拥有能对内协调、对外沟通、内勤、外务等全面性技能的专家。小美的出众之处就在于她的多元化能力和与众不同。拥有好的基础，小美以后再也不必为职场多操心，经历技能多元化的她再也不用怕找不到工作，现在只需要全力以赴地往前冲刺，闯出一片专属于她的天地。

以工作十年为界限，在这十年你的路是如何走的，决定了你现在的定位和格局。你的经历造就了现在的你，不管是否拥有出众的经历，不管是否已经成为你目标中的那个专家。在职场里打滚了十年，是时候该定个明确的定位了，检验目前的你出众点在哪里？找到之后就抓住这个点，然后拼了命地把它发展起来。因为现在的你会慢慢地碰到许多挑战，比你年轻有活力的毕业生开始出来和你抢工作；比你年长的职业人不退休霸占职位。卡在这上下包夹的年代，你已经没有太多奢侈的时间犹豫不决，赶紧抓住你的“出众点”，然后像打橄榄球似的抱着它突破重围往前冲刺，在职场里脱颖而出！

每个人的职涯目标和规划都不一样，BUILD 职涯蓝图为的就是不管你是小美还是小明，任何人都适用！在每天上下班的节奏里，我们时常会忘记原先的规划，透过职涯规划蓝图可以让我们时时刻刻知道自己的意图，确保我们依旧还在这条迈向目标的轨道上。

4

从职业到创业

你！为什么要创业？是让自己有一个多元化的职涯？还是误以为当老板后，可以不用再听别人指示了，且工作时间很灵活，还容易赚很多钱？这里提供你创业懒人包，要你勇敢踏出创业第一步。

4 从职业到创业

“梦想还是要有的，万一实现了呢”

这热血沸腾的话最近刮起了一阵旋风，听得我自己都激动了起来，全民创业时代已经来临，当时自己在创业的时候还被别人质疑不务正业，正正当当的工作不做，创什么业，创业是开饮料店吗？还是开个鸡排店？相较之前的种种调侃，现在创业反而变得又酷又炫，很 fashion。

今天我们处于的时代好比以前工业革命的时候，人们得到了释放人类体力的机会，千禧年代的数字革命提供了机会释放

人类的大脑，到现在创业革命就是给了机会释放人类的创造力、

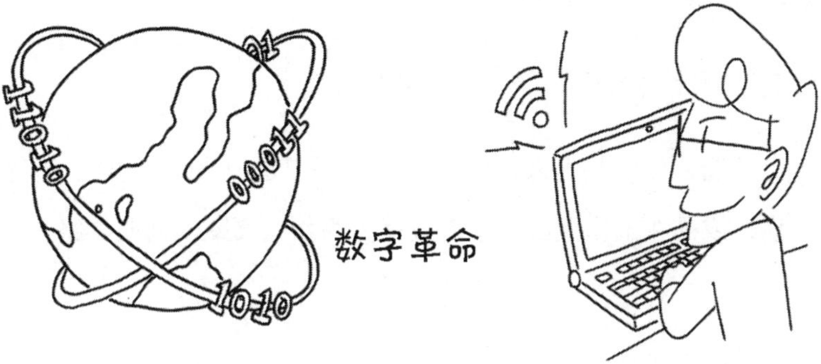

想象力的时代，一年的变化堪比十年的变化，人们对于服务，物质的需求正在经历着以往没有见过的成长，只要满足需求解决问题，就能轻易地取得成功，透过资本市场只要一个 idea 都

能融到大笔资金。这将会是一个在人类历史上记录的伟大时代，身处这个创造年代的人，如果你有一个创业梦，不卷起袖子创业以后一定会后悔莫及。

但是上班上得好好的，为什么要创业？

可能，你毕业出来、带着一身文凭又有让人向往的工作等着你，或是在工作上已经小有成就，为什么要踏入创业之路？

职业和创业之分

以我的经验来说，我感受到作为一个所谓的“职业经理人”在职业上所累积的东西，大部分和创业时所学习到的技能是南和北的差别，两者的成功之道也截然不同。充分地了解各自分别差距在哪？特点在哪？有助于我们决定自己是否适合专注于经营职业经理人的职涯，还是全心全意地投入创业的职涯之中，还是你和我一样情有独钟于职涯双拼味？职业、创业一起来。

我们来看看职业和创业有什么不同的特点：

1．职业看工作岗位，创业看理想定位

工作岗位就是你在上班时做些什么，也是一个公司所设计出来的组织框架，雇用人的标准，同一个工作岗位在不同的公司也许名称一样，但每一家公司自有的工作岗位都有它自己的定义和要求。求职者对于工作岗位的选择在于了解自己本身是不是适合这个工作岗位，譬如有没有发展、薪资高不高、有没有兴趣、有没有发展空间等。因为求职者本身是无法改变和创造工作岗位，只能了解自己适不适合这个工作岗位。工作岗位是一个设计好的工作，不管是什么原因获得了这份工作，最终你还是会因“你的工作岗位对公司的贡献”来评价你的价值。

创业这个工作不是别人帮你设计，一切是由你从零开始，没有已规划好的架构，更没有任何的标准，一个公司从零开始的第一步就是理想和定位，你有十足的空间和自由，究竟做什么、怎么做都你说了算，最终你的评价就在于你的理想定位的价值。

2. 职业看执行，创业看创意

从能力来说，上班最看重的就是执行力，一种使命必达的能力，所有公司里的主管、老板，交给你一件任务的时候，他们希望看到的是你能确确实实地把它落实下来，达成目标，其余的细节则没兴趣了解。这种执着的执行能力是可以训练出来的，跟创业不一样。

创业更看重的是创意力，此创意非画图设计的创意力，这里说的创意更是针对商业模式和解决问题的创意力，例如怎么发展业务、怎样开拓市场、怎么超越竞争对手等一连串的事情。即使是模仿别人的商业模式，如何应用在自己的案子上也是个创意磨合的过程，更何况创意并没有一个成功的模式可以复制，创意力的产生是无可预期的过程。

职业经理人做的事情是如何把事情从 100 到 1000，但创业经营者所需要做的是如何从 0 到 100，两个是完全不同的思维模式。

3．职业的可预期性，创业的不确定性

上班一般来说属于可预期性较强的职涯选择，工作岗位是什么、有什么 KPI、有什么发展，都是可预期的。同时你的目标也是可预期的，例如当你的主管安排一个任务给你，你的唯一目标就是一定达成，或是没有达成，这是可预期的。而没有在中间的选项，不是 0 就是 1。

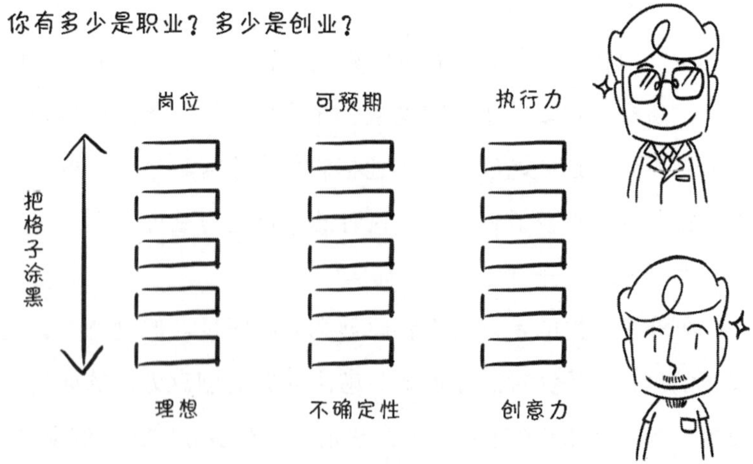

相对于创业就完全没有可预期性可言，创业就像是跳水一样，你不知道下面的水有多深，但还是得往下跳，只有跳下去才知道。创业有太多的不确定性，作为一个创业经营者你很难看到通往终点的那条路，永远都会碰到在十字路口上做决策的情境，有太多的选择，你无法预期下一步会怎样。反倒是职业经理人，不只是要看到终点在哪里，更是要很清楚地知道这条路长怎样，这是专业经理人的思维习惯。

看过职业和创业的不同之处后，至于你适合选择创业还是职业，可以用上方的图表来检视你是偏向职业多一点，还是创业多一点。

最终，不管你是选择职业还是创业，最重要的是你要“做自己有兴趣的事情”，因为往往在经营职涯中最容易让人放弃的是，当你发现你有兴趣做的事情你自己没有能力做，有能力做的事情你却又没有兴趣，所以与其痛苦地做自己没有兴趣的事，还不如做自己有兴趣的事情。有兴趣你才会不断地专注，坚持下去，你迟早可以从不懂变成该领域的专家。

你！为什么要创业

从小到大不管玩办家家酒，还是说理想、梦想的时候，我每次都会挂在嘴边说：“我要当老板！”但妈妈每次都会反问我：“你！为什么要创业？好好读书找个好工作很稳定呀，为什么一定要创业呢？”

一转眼好多年过去，现在很多人会问我：“我很想创业，你觉得我适合吗？”每次听到这问题，我也会不经意地回问他们：“你！为什么要创业？”我听过最多的创业原因有三个，但很遗憾，这三个原因反倒都成为了“你最不该创业的理由”。如果你的创业念头也和以下相同，那我还是奉劝你别创业了。

创业迷思 1：自己当老板，不想再听别人指示了！

错！真相是当你创业了之后，每个人都是你的老板，你的客户变成你的衣食父母，你得讨好他们，因为你公司的未来掌握在他们的手里；你的员工变成你的上司，公司初创时期，你会无法承受核心员工的动荡和离职，所以会不时地关心他们，要他们汇报公司的发展进度，并激励员工继续与你拼搏；你的合伙人、投资人会变成你的家人，他们和你最亲近却又最多矛盾，互相之间的分歧和争吵会让你得费心费力地去打圆场，他们说一你就不能说二。这就是一个互相绑定的婚姻却不能离婚，那种不甘心的感觉。

创业迷思 2：工作时间很灵活，工作生活平衡！

错！一般人都觉得创业的工作时间很有弹性，可以自己决定什么时候上班和下班，随时想要休假就休，谁都管不了。但事实是创业的唯一弹性是“你可以灵活地把生命上所有的时间和精力都全放在你的创业项目上”。一个真正的创业者得 24 小时都在工作，就连做梦都会想着要怎么做好这份事业。另外，你永远都是“随时待命”，随时都要做成所有员工的榜样！创业不是雇用一堆人为你工作而已。试想，如果你的老板每天都不在公司里上班，你还会牺牲自己的时间和生命在为老板的公司卖命付出吗？创业能够达到工作生活平衡的原因就是因为你开始创业后，你的工作就是你的生活，你的生活就是你的工作。

创业迷思 3：赚更多钱，我要赚大钱，发大财！

大错特错！钱永远不嫌多，这么实际的理由真的很难反驳，但去找个大企业做个高职位的职业经理人也是可以累积财富，真的不一定需要自己出来创业。我们每天在新闻媒体上看到的创业成功案例，只是那少数、百分之一的特例，“感觉赚了很多钱”的事实是绝大部分你没看到的，要不是倒闭，就是实际的财富产出也只是个中阶主管的收入而已！毕竟小型创业在开支和维护的开销上还是挺高的，实际收入并不会我们想象中可观。相同的，在中型创业项目，基本上所有赚来的钱也都会再投回去做企业发展。就连当你的创业项目已经做到万人皆知时，还是会有种种的融资条款，即便估值（Valuation）时候身价非凡，但实际能够兑现的却只有百分之一不到。想靠创业赚大钱很不可靠，可说是风险极高的选择。

创业的最佳理由

创业的最佳理由到底是什么？说法五花八门、千奇百怪、众说纷纭，其实不管你的答案是什么，真的没有所谓对或错，只要能够说服自己放下一切、全心全意地去追逐，并且不能忍受自己不去做这件事就是个好的理由。当然，从我自己的经验来说，在看过无数个大大小小的创业案例之后，个人认为最适当的创业理由，也是看过成功率最高的，就是你意识到了一个很理性的问题，而且你想要去解决它，这就是一个最佳的理想创业理由。

如果你发现了一个迫切需要解决的问题，而且只要解决了这问题，你就会有成就感、归属感，这将会使你有热情去面对创业时所碰到的困境，并且勒紧裤带坚持五年、十年、二十年去拼出一个成功的企业。

打个比方，我自己一路创业以来，发现自己在创业过程中碰到问题时，例如运营经验、融资技巧、商业模式等知识，都希望当时能有个人可以快速提供“一站式”的服务或解决技巧。在创业过程中得每天都跟时间赛跑，在支援有限的情况下，还要顾虑到心里的迷惘与痛苦，这会无形提高创业的门槛，并影响创造力的发展。所以我现在也在创业辅导和服务上面投资较多的心力，因为我意识到一个我迫切想要解决的问题。

讲到这里，我想到之前看到过的一句话，它讲得非常有道理，而且也是我现在经常给所有想要创业人们的建议："Choose a problem to solve, not an idea to build." 创业是去解决一个问题，而不是去发展一个创意，这就是我一直相信的创业原则。

有了想去解决的问题

五句口诀，让你勇闯创业无所惧！

> 一个崭新的创意，
> 一个出色的产品，
> 一个杰出的团队，
> 一次完美的执行，
> 一个成功的模式，
> 成为一间伟大的公司。

想要创业，就记住这五句箴言！每次受邀分享创业心得的时候，我都必须给想创业的听众一些建议，其中就被经常问到："怎么样才会知道自己准备好了，可以出来创业了？"以前我都会长篇大论地讲很多，感觉好像要把以前受过的无尽苦头通通拿出来分享，深怕有人会和我一样步入痛苦迷惑的创业沼泽。但现在回想起来，许多我之前碰到的问题不见得所有人都会碰到，何必让别人在还没开始创业就把他们吓得却步。之后，我花了一些时间整理出来了一套五句箴言，想给所有想要创业的人，只要把这五点想清楚，你就准备好可以开始创业了。

第一点：创意

记住！在这里千万别跟先前创业的理由搞混。之前讲的是，你创业的理由最好是“为了解决一个问题，而不是为了发展一个创意（点子、idea）”。这要讲的是，当你知道创业要解决的问题之后，你创意的部分就变得非常重要，因为这会影响到你如何去执行解决这个问题。

最近流行一个这样的说法“idea doesn't matter”和“Pivot”这个词，大致意思就是：碰到问题就不断地改变方向，你的创意不好也可以中途改变策略、改变产品、改变你的创意。基本上即便你的创业不成功，都可以说成是一次的转折（Pivot），只要你先开始再说，创意不好也没关系，到时候转折就行了。可是事实上透过我的观察，绝大多数成功公司，都是一开始就有很好的方向和创意。

当然，很多时候创业团队一开始做的东西和最后面成功的东西非常的不同，但是大方向来说还是挺清楚的。比如说，一开始做网页指南的Google，专车服务的Uber和房地产租赁的

Airbnb，这些公司在一开始的创意和切入点就挺有趣的。哪怕是产品和执行细节到最后和一开始不太一样，但是面对“想要解决的问题”并没有太多变化。一个好的创意，不只是要在产品上和体验上有崭新的想法和卖点，还要考虑到很多因数，其中市场大小和成长空间就是一个考量，这两点和未来发展、策略和成长壁垒，有着息息相关的联系。

你的想法如果针对的是一个大的市场，那么你能占有百分之十的市场，就可能已经有相当规模，而且以后还有成长的空间。但是如果你在一个小市场内的话，即便已经占有百分之七八十，未来发展也不会再大到多少，也可能不会有什么突破机会（小市场唯一的看点就是：一个前景，有着可以快速发展或快速扩张的属性）。最终，创业想创意的时候要有远见、视野（Vision），要能看到市场在后几年的发展和变化。

最后，一个好的创意最好是个全新的东西，而不是对已有创意去做改进，比如做宠物领域的 Airbnb、高端商务的 Airbnb、停车位的 Airbnb 等，这样的创意大多数会以失败收场。往往最好的创意是从自身出发，起始于一个非常简单的需求，可以简单的形容、理解和复制扩张的产品。

第二点：产品

专利、服务，以及任何与消费者体验相关的东西都属于我要讲的“产品”。因为对消费者来说，产品本身就是一个完整的互动行为，并非只限于交易的行为而已。

到底要怎么做才能做出好的产品？很多人在创业初期就只懊恼着想如何做出让大家都喜欢的产品，然后每天卡在构想的阶段。相反的，我看过的成功产品在创业初期，都只是针对少数人所打造，把产品做成少数人特别喜爱又死忠，而不是做成受大家喜欢、不痛不痒的东西。这样子的模式、典范就是小米手机，在产品还未上市时就已经开始和潜在顾客和科技控不断地交流，透过这些“米粉”，告诉小米怎么做一个他们愿意使用、愿意推荐或愿意付费的产品，再根据这些“米粉”的试用反馈，不断地修改产品，形成一整个循环流程和产品开发生态。短短几年，小米变成全球手机龙头之一，反倒是其他同行因为执着在开发出满足所有人的产品，饼咬得太大，反而没有聆听到消费者需求，做出能够真正解决消费者问题的产品然后没落。

最近有个新创业界的名词叫作 Net Promoter Score（NPS），也就是“净推荐值”，它主要是用来衡量一家公司成长的指标，就好比常用的注册数、活跃用户数、收入等，NPS 主要是衡量产品的推荐值。如果所有人都劝别人不要使用这个产品，那 NPS 指数就是 -100；如果所有人都自发性地推荐这个产品，那么 NPS 指数就是 +100。现在，这个指数已经成为很重要的公司成长指标。

至于你的产品是否是个好产品，也可以借由这个方式去想。如果它是个让每个员工都自愿推荐给亲朋好友购买的东西；如果他们恨不得自己花钱买你的产品或服务，再推销给亲朋好友使用，那么这个产品，在某种程度和意义上就是个非常好的产品，也能真正能解决需求。相反的，如果你的员工再要推荐这个产品出去时，会有一丝犹豫和顾虑，那就得要好好想想了。

第三点：团队

团队可以说是把想法变成执行的催化剂，有了再好的想法，没有团队去做、去执行，永远是留在纸上的一个梦。

1. **合伙人**

合伙人可以算是整个创业过程中最关键的一个环节，之前讲到了创意和产品的重要性，以及他们对于一个创业项目会不会成功是很重要的因素。但是实际上，你看到的这么多创业公司的死亡，很少是因为错误的创意和产品定位而造成，甚至也不是因为竞争对手的打压，因为这些的问题都可以透过变通、重新定位和之前提到的转折（Pivot）来一一克服。

最常见的死亡原因之一就是：合伙人猜疑而导致无法继续经营。

找寻对的合伙人是一件非常难的事情，这些人不像一般招募员工那样有个两三轮的面试，通常都只会以一个“感觉”“默

契”来作为指标。一般来说，第一次见面就对这个人是否会成为合伙人，了解的十之八九了。这也是为什么猜疑率很高的原因，因为你的合伙人也很有可能随意地跑去和别的人当合伙人。找合伙人一个很重要的点就是，那个人一定要非常了解你，最好的方式就是找老同学或老同事等。千万记住！若真找不到合适的人选，与其有个不好的合伙人，还不如不要合伙人。

2. **精简团队，尽量少招人**

应该是说，尽量用最少的人完成最多的事，Whatsapp 被 Facebook 用百亿美元收购的时候才五十几名员工而已，这等于每一个人的产出约三到四亿美元，打破了以往人多就是公司繁荣的象征。当然不是每家公司都适合一直走少人的路线，但至少在早期，目标应该是尽量少招人。Airbnb 招第一个人花了五个月时间面试，而且第一年也只招了两个人而已。

创业初期要少招人的最大原因是：早期招人的成本代价非常高。比如早期招募出让的股份，早期员工如果离职带给创业团队的动荡等，还有早期员工的风格和个性直接塑造了企业的文化。以前经常听别人说一句话："早期团队不要过于追求多样化或差异化，技能可以互补，但做事风格一定要统一。"现在听来感触颇深。

3. **找最好的人**

你应该听过很多CEO说："我的职责就是找人和找钱。"我一直觉得找到最好的人或是最适合的人，是一个创业公司最重要的事情，一个真正成功的创业公司的创始人，都会抽出时间在发Offer前面试每一个人。创业公司招募的前几名员工中，哪怕招一个不是最好的人或只是平庸的人，这个创业公司就很可能会失败。当然如果是一群最好的人，却不是最合适的人也不行。Facebook创办人马克祖克伯（Mark Zuckerberg）在招募时就有一个很独特的方式，每当他在考虑是否用一个人的时候都会考虑到两个点：

一、我是否愿意花费很多时间和他在一起？

二、如果角色互换，我是否愿意向他汇报，他是否能做一个好的上司？

不管你的方式或考量点为何，只要创业者真正懂人的重要性，并且放心思在这上面，一般都能真的做好一个企业。

第四点：执行

相较于大公司而言，创业公司最大的优势就是执行速度。

执行包括项目的启动，也可以包括策略的转舵，加上规模小所以执行起来都比大公司来得快。对于一个创业者来说，执行主要有两个层面需要兼顾：一是你能不能想清楚该做什么；二是你知不知道该怎么做。

对一个创业者来说，每天都有太多的事情要做，所以专注变得无比重要，因为每天时间有限，所以做任何的执行，尤其在最重要的几件事情上面，都需要非常地专注。但要专注，就要知道该如何选择和规划优先等级，也就是说目标要确定和精准。目标有短期的，也要有长期的，并且要将目标让所有公司上上下下的团员反复沟通强调清楚，因为创始者的目标也就是这家公司发展的重点和目标。

另外，一个成功的创业公司应该是每天都有变动，产品经常更新，面对如此快速的市场变化，消费者对与产品的要求也越来越高，这使得大公司在面对从产品到设计、到运营、到资源连接时，碰到了巨大的挑战。这也是为什么现在这些资源连接速度极快的创业公司，能在市场杀出一片天下的原因。

第五点：模式

有了创业的理由，有了创意（Idea）、产品、团队，执行的想法，再来你需要的，是一个能把所有项目都串起来的东西，这东西就是“商业模式”。

不管你是创业公司还是大公司，有一个有效的“商业模式”能够大大地提高你公司的竞争力和存活力，但是大家往往会把商业模式和战略搞混。市场上最常说的 B2B 和 B2C，甚至 O2O 商业模式，其实只是战略的差异，并不是商业模式的差异。与战略不同，商业模式在乎的是结构，以及在这个结构里“流动”的东西。比如，微信是免费的，Line 靠贴图销售，WhatsAPP 收 1 美元年费，这几家公司最后谁会胜利？答案是都会胜利，各自都会占领自己的市场，因为他们的商业模式都是独特的。有别于传统的商业环境里，一个行业竞争到最后会剩下两三家企业，

彼此不一样的地方只有战略而已（降价竞争、产品模仿等）。而在网络时代，一个行业会剩下很多家企业，每一家都可以是垄断的（如同上面提到的通讯 APP）。这就意味着，同一个行业可以存在着很多不同商业模式的公司，同样的商业模式也可以用到不同的行业。

至于哪种商业模式比较适合你的创业公司，商业模式千变万化，很难说哪一个特定的模式适合你的状况，甚至很有可能适合你的商业模式根本还没出现，就等你去发掘创造全新的商业模式也说不定！不管你的商业模式如何，它的方向和着眼点是可以去抓的，记得要找到方向再去规划、发掘你的商业模式。

用 BUILD 来指引你的商业模式

还记得之前在职涯规划时用的 BUILD 蓝图系统（Basic、Unique、Interesting、Leverageable、Distinctive）吗？虽然 BUILD 是针对职场规划所设计的蓝图，但在这里，我们也还是可以简单地使用它来快速地找寻你的商业模式方向和着眼点，我们先把创业普遍会遇到的状况分成五个阶段：

第一阶段：你的产品是老产品、运营方式是传统老模式

Basic 基础的商业模式

你的公司只能透过最基本的商业模式来形成与竞争对手间

的差异化，透过行销战略、效率管理、通路来建立效率道向商业模式。

第二阶段：你的产品是老产品、运营方式不一样

Unique 不一样的商业模式

产品虽然是老产品，没有新花样，但你有独特的运营方式，所以抓住这个特点，你的公司可以走向创造不一样价值的商业模式。

第三阶段：你的产品是新产品、运营方式不一样

Interesting 有意思的商业模式

新的产品、新的运营模式，对消费大众来说你是他们不熟悉的，陌生会带来一点新奇感，针对这个点打造一个有意思的商业模式。

第四阶段：你的产品是新产品，运营方式却是传统老模式

Leverageable 借力优势的商业模式

新产品，却是老模式运营，有点新鲜感但体验却相同。你需要专注寻找如何在旧的运营模式里借力让新产品更具优势的商业模式，来带给消费大众更新的体验。

第五阶段：你没有产品、没有运营模式

Distinctive 独特的商业模式

不先有产品，完全为利益相关者（不完全是客户）所设计

出来的运营模式，然后再设计一个产品跟他去匹配，这种独特的模式是商业模式的最高境界。

商业模式对全世界所有大大小小的公司来讲都是一个非常重要的事情，模式的创新更是一个很不容易的事。针对你的不同创业阶段和状况，你适用的商业模式也大大不同，利用BUILD蓝图来分出不同的阶段让你找出对应的方向，当你把以上五点都想清楚，而且有清晰的想法和方向，那就准备好开始启动你的创业之路，最后，当个创业者，永远记得要保持动力，跟上市场的变化，不停地成长不要停摆，然后一直记住：

一个崭新的创意，

一个出色的产品，

一个杰出的团队，

一次完美的执行，

一个成功的模式，

成为一家伟大的公司。

创业懒人包，事半功倍创业超捷径

两步骤让我教你怎么做

创业和职涯不太一样，职涯是一段马拉松，但创业更像是个一百米赛跑，枪响的那一刹那谁先动起来，谁就能在比赛之中保持优势。喔！差点忘了，其实创业更像是个百米赛跑加上拳击赛，因为无时无刻都还有人不断地攻击你，要把你击倒。身上伤痕累累的同时，你还要趁机反击加上完成这个比赛，没错，这就是创业！

好了，到了现在你应该知道什么是创业，也知道你为什么要创业，你也可能有了你心中理想的商业模式，那你可能会问，“现在该怎么做呢？创业有没有捷径可图？”

创业其实是没有捷径的，更准确地说，创业本身就没有所谓的模组或成功模式、标准的成功流程，每个项目都是独特、独有，所以何来捷径之说。但若真要有个定义，那就是在**项目创业初期，要提高成功率和提高生存力**。

如何提高成功率？以我个人的经验来说，我第一个创业没有经过太多思考和规划，当时想到了就直接动手做了，属于打野战的方式，完全没有想到成功率这三个字。随手拿把手枪就上战场，从过程中学习和改进，很多创业者也是这样做起来的。当时的我觉得实际行动比规划来得重要，还记得当时周边也有几个朋友也同样在创业，我一直很难理解，“为什么规划可以规划好几个月？”我的公司都已经设立好且开始有金流了，但其他人还在规划、规划再规划，最后都死在规划期没有执行。他们的解释就是“因为花很多时间在规划和分析，所以发现项目有缺陷，于是选择不继续前进”，听了我都很傻眼，一直在规划是为了什么？创业时的热血呢？

虽然现在的我还是相信“实际行动是创业成功最大的因素”，但我也开始理解、体会规划的重要性。适当的规划可以让你理清楚自己的创业项目到底是什么，因为很多时候你可能很清楚要到达的终点是什么，但中间的过程是很不确定，而且说不清楚，这在我做其中一个创业项目时就深深体会到了。那时候的我碰到一个问题，我看到了一个机会想要做一个新的东西，概念算是很创新，所以它自然就不是一个很容易懂或可想象的东西，很难解释得清楚，讲到口干舌燥最终听众还是一头雾水，最后连我自己也开始怀疑起来，搞得很不确定，迷茫了起来。

再者，现在的创业环境已经和以前我刚创业时的艰辛时代不可同日而语，现在可以说是创业黄金时期，整个环境、资源、技术、市场、人才、资金都非常充裕，而且都有一定的整合，创业已经不像过去那么高成本和风险大，只要你知道方法，人

人都可以轻易地连接资源开始创业，一个一般的创业项目都可以有蟑螂般的存活能力，真是今非昔比。当我在创业的时候都还得用自己一分一毛的资金来自己投资自己，单枪匹马独立单行，带着不成功便成仁的烈士精神在创业，直到为了进入中国这个庞大的市场才决定把项目西进、移到中国时，才误打误撞地接触到了资本市场和创业圈子，并且横冲直撞地经历痛苦、失败，才苦学到如何运用资本资源来募筹资金，当个打不死的创业小强。

之前已经为创业初期设定了定位和目标，之后如何快速地达到后续成功有两个快捷径步骤可以遵循：

步骤一：提高成功率

步骤二：提高生存力

搞定这两个步骤，你就可以事半功倍地快速到达稳定、专心发展的创业阶段。

勇敢踏出第一步：提高成功率，做个商业计划书

以前一有人跟我说“你的商业计划书呢？”我都会很理直气壮地说：“好的项目是不需要商业计划书的！”其实理论上这是对的，好的项目会自己发光吸引注目，管你有没有计划书投资人都会追着你跑，不过这种项目可以说是独角兽般的神话传说，

商业计划书能梳理出创业思路

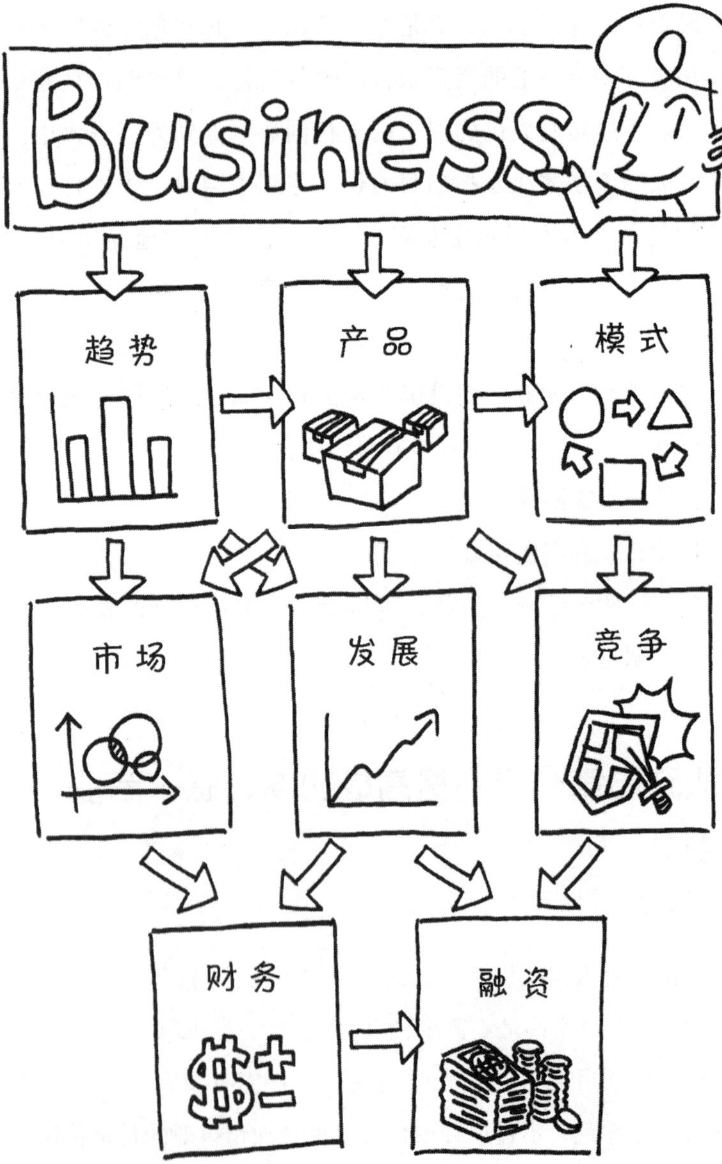

经常听说但没人碰过，或是少之又少。

我第一次开始接触资本市场的时候也是连商业计划书都没有，而且还很排斥计划书，因为我是个实际在做事的人，创业有太多事情要做，没时间写计划书，况且我的想法不是几张PPT就可以讲清楚。我一定要亲自说这个故事，所以基本上我都是用口述的方法一一跟投资方做沟通，后来发现不管讲得怎么热血沸腾、生动精彩，到最后还是被问一句，“商业计划书准备好后再给我们看吧！”

大多数的创业项目都会有自己的商业计划书，像样一点的项目更是会很重视它的。我后来发现很多创业者初期缺失的（包含我在内），就是认为商业计划书是理论派，一个书呆子的行为，或是创业中后期才会做的事情，甚至只是为了融资做出来的步骤之一而已。不管你的看法如何，其实商业计划书适用于任何创业阶段，更适合初期创业者，因为商业计划书有几个好处：

一、商业计划书是对创业项目的梳理

透过商业计划书可以帮你梳理创业的思路，指导你去思考分析市场和用户，找到好的定位和切入点，有明确的产品逻辑和业务方向，规划发展计划，团队和资金配置规划。

很多时候，创业的热血容易造成“缺乏深度思考”，做一些过于乐观的计划，将商业计划落实在纸上可以使你仔细构思可行性，修正不切实际的想法，降低试错的代价，找到最佳解决方案。

二、商业计划书可以快速简洁地展示你的项目

找工作的时候如果一份简历，没有能在十秒内引起 HR 的兴趣，基本上就会被晾在一旁。同样的，创业项目非常多，不管你是想找合作伙伴，请员工或是找投资人，要如何用最快、最简洁的方式展现你的项目并引起他们的兴趣是很重要的。

大多数的创业者对于自己的项目非常热衷，对于市场现状、未来发展，自己产品的想法非常多，话题一打开，没个一两小时说不完，但这么多的讯息对于非当事人来说是资讯的负担，而且一个项目的重点一定要够强、够简单、够清楚，如果一个项目花个五分钟都说不清楚，通常都不会是个好项目，或是思路没有理得很清楚、没有着眼点也不会是个好项目。商业计划书可以把你的项目强项梳理得清楚简单明了，也会让消费者很清楚你的产品的卖点是什么。

三、商业计划书是找投资人的门票

和投资人的沟通不是单单一份商业计划书就能完成，但有了商业计划书，它可以把沟通的大门打开，让你继续下一步的沟通。试想，当你和投资人做过初步的沟通后如果没有留下一份商业计划书，投资人是要如何记得你和他说过的话。更何况，一个专业投资人每天看的项目不只一个，记不住你的项目是很正常的事情。不管你面对的投资人是专业的投行还是你的亲朋

好友，甚至你的丈母娘都一样，把你的项目写出成商业计划书，能让你们的交流和视野聚焦。说白了，你的商业计划书就如一封情书，目的就是要让你沟通的人对你产生兴趣，有了兴趣才有可能达到后面的事情。

商业计划书 Q&A

Q：**商业计划书要多少页**？

A：在把最重要的内容都已经陈述好的前提下，越少越好。很多投资人每天都会收到数十份的计划书，页数太多会有看不完的可能性，而且资讯太多会失去重点，所以尽量能控制在 15 ~ 20 页最好。

Q：**商业计划书用哪个格式好**？PPT、PDF、**还是** Word？

A：使用 PPT 在图文排版上的表现会更丰富，也便于清楚描述创业项目，另外大部分商业计划书有时候会在开会时或是路演（Roadshow）时做投影展示，而且一般都会按页面查看，这时 PPT 格式比较便于使用。但最终无论哪个版本，只要内容贯通、能够清楚表达就是好格式。

Q：**商业计划书的内容是什么**？**先写什么再写什么**？

A：商业计划书正常来说架构为：宏观趋势、产品介绍、商业模式、市场分析、发展规划、竞争分析、团队介绍、财务规划预测、融资需求等内容。

Q：**要怎么样让商业计划书的内容有说服力**？

A：数据！如果有数据可以展示的话就拿出来，有利于增加实力，提高对于未来和趋势的期待性。例如：多少注册人数？多少活跃用户？传播效果如何？有多少收入？平均销售价等，因为看商业计划书的人是无法直接接触或使用你的产品，所以数据是产品以外最有说服力的体验。

Q：**如果你的商业计划书没有一个清楚的赚钱模式怎么办？**

A：没关系，不是每个想法都是因为赚钱而启发的，Twitter、Facebook、Instagram 等都是先为了解决一个问题而出发的项目，到了后面有了用户才有了盈利模式出来。好的计划书要融入几个重点，问题、解决方案、目标人群、执行策略，这几个点说得清楚，不管你现阶段知不知道怎么赚钱都没关系，有了市场它就已经有价值了，因为投资人很有经验会教你怎么赚钱。

Q：**商业计划书的财务预测与计划要注意些什么？**

A：市场的变化风云莫测，所以预测不要夸大或是有难以置信的利润。投资人不会把钱交给一个不切实际和没有计划的创业者，所以不用夸大能赚多少钱，针对“如果创业成功，什么时候能达到盈利，并且如果业务遇到问题，企业能够继续支持运营多久？”这样的问题去思考。

Q：**一份好的商业计划书有什么元素？**

A：1. 清晰、简洁：多用图表，少用文字，简单朴素不要花哨。逻辑交代清楚为重、排版设计为辅。

2. 突出重点：商业计划书好坏不在于页数多少，只要重点要能快速、清晰、明了。

3. 观点要客观：少用带有过多感情色彩的描述性语言，多用理性要点和关键词。

4. 自信、有说服力：保持良好的态度和对自己项目的肯定，并且用数据和计划来讲话。

勇敢踏出第二步：
提高生存力，创业融资有三宝

重点来了，重点来了！从一开始讲创业到现在，几乎都环绕在定位、规划和创业准备上的话题，都在闭门造车，现在是把牛肉端出来的时候了。有了定位、规划和商业计划书，下一步该怎么做呢？在众多的创业团队里看过最多的失败案例，并不是因为想法不好或是执行不到位，创业本来就是一条“频频在试错”的旅途，但试错的前提是要先有能力生存下去。绝大部份的创业项目就是生存能力很弱，做不下去、来不及试错就挂掉，所以提高创业存活率和后续的生存力，对于创业团队就格外的重要。

之前提到过，当初我开始创业的时候都是直接披了战衣就上战场打仗，很少思考怎么样提升创业存活率以及后续的生存力。主要也是因为我是属于行动派的创业者，喜欢行动不喜欢等，再加上那时候创业环境没有现在这个氛围，自己更不懂有什么资源可以利用，所以就习惯性地单枪匹马的上战场。但是，

现在时代不一样，成熟的创业环境，带给新一代的创业者很优的资源和机会来降低创业风险并增加创业初期的存活力，至于创业者该选择哪条路走，就要看每个创业者对于自己创业项目的规划是什么了。但有一点可以确定的是，虽然创业比的是创意和行动力，但不能生存什么都不用比了。

至于要如何有效地提升创业项目的生存力？最普遍的方法大概就两个方向：

1. 有很稳定的现金流收入能够支撑各式各样的开销，只要现金流不断，就有机会尝试不同的创业模式，找到属于你的成功配方。

2. 有雄厚的创业资金来源让你一出来创业就不需要被钱的问题困扰，专心地创业试错就好。

对于创业项目来说，要在初期就有稳定的现金流收入是个比较困难的挑战，至少在我自己创业的时候就是这样子。所以要我完全依赖上述 1 的稳定现金流来走，对我来说有太多的不确定性，也不知道是不是能够达到预期的收入，这是比较有风险的选择，感觉像是回到创业 1.0 时代，什么都得靠自己。相对的，现在放眼一看有这么多的创业资源且触手可及，所以我比较推荐走创业 2.0 的概念，也就是上述 2 的方向。找个投资人，拿一笔创业资金在手上，创业起来比较轻松无负担。另外，如果你也想要走融资这条路，你一定要知道"创业融资有三宝"。

创业融资第一宝：投资人

投资人是什么？要去哪里找？以前我只要听到投资人，想到的一定是自己的爸爸妈妈、兄弟姊妹、爷爷奶奶、叔叔姑姑等，又或是朋友、同事、主管，反正能想到的不免就是身边的亲朋好友。在国外创业圈也有一句这样的话，想要成功融资就找 3F's，Friends（朋友），Family（家人）and Fools（傻子），这话说的还真是到位。但这边我们要讲的是，除了 3 个 F 之外的投资人，也就是专业的投资人。

所谓的专业投资人，就是专门在做创业项目投资和融资，没错！他们的工作就是不断地寻找好的投资项目，再把这项目包装、兜售给其他基金做下一轮的融资或是其他公司来做收购，目的就是把原先的初期投资，做出清的动作来赚取增值的差额。这些专业投资人属某个基金或投资公司的员工，以前这些投资人都不会看早期的创业项目，因为投资金额不高，报酬率普通，又很难把握投资风险，所以早期的创业项目投资都属于天使投资人的领域。

所谓的天使投资人，就包含之前提到的3F居多，或是某个创业成功的老板、高阶主管等自己做的投资。这些早期项目投资的金额都不高，低至数十万高至五百万台币都属于所谓的天使轮投资，都是个人能够承担的投资。

你的资金可以从哪里来？

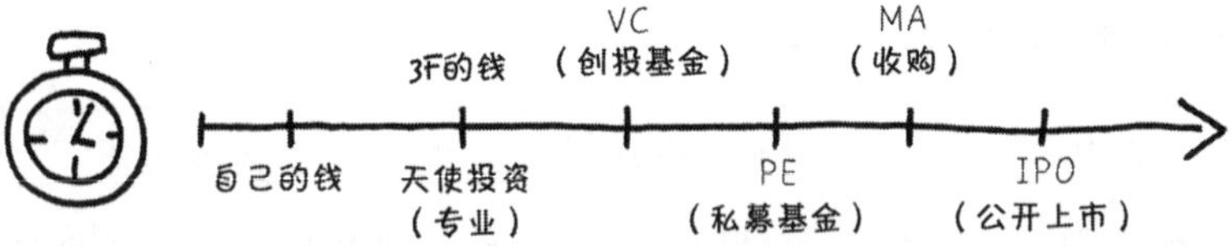

近几年整个创业风潮兴起，越来越多的早期创业项目直接从天使轮坐电梯似的直达B轮、C轮，甚至敲钟上市都有前例可循。这些创业项目之所以达到这火箭般的成功融资，主要归功于整个网际网路所创造的庞大市场和成长可能性。如此大的想象空间，让这些创业项目估值变得非常混乱。只要你的项目站在风口上，就算项目没市场、没产品，只要感觉对了又有故事性，估值随随便便乱开，这是不理性的。

估值从天使轮、到A轮B轮都有机会以十几倍的速度增长，有机会带来快速高获利，如此诱人的机会开始吸引到了一些原本对早期项目没兴趣的基金和投资机构的注目。他们一窝蜂地投入、开拓、耕耘这些天使轮的项目。

所以，现在早期创业项目不只有3F的天使投资，还有专业投资人的融资管道，不管你是否需要融资来维持项目的生存力，这年头只要创业就要慎重对待，并了解这一群专业投资人。

专业投资人 Q&A

Q：**专业投资人对什么有兴趣**？

A：投资人的兴趣点，会因为不同投资人而改变，投资公司的属性和擅长投资的领域也会创造出不同的着眼点，但还是有以下几个主要普遍的重点。

1. 市场大不大，增长快不快：市场大有发展性，投！

2. 产品好不好，模式有没有：产品好又有创新模式，投！

3. 数据准不准，指标行不行：调查做得好目标有胆识，投！

4. 团队优不优，领道强不强：有好的产品好的军队好的主帅，投！

5. 融资多不多，价格低不低：估值只要合理又感觉捡到便宜，投！

6. 资金怎么用，别人投不投：钱用在刀口上，投资人越多越安全，投！

Q：**怎么知道专业投资人对你有没有兴趣**？

A：投资人的心思你是很难真正了解的，就算很有兴趣，他也不会轻易地让你知道，因为这样会影响你心里的估值，对他没利。和投资人打交道就如谈恋爱一样，太容易反而不会珍惜。对于投资人，我自己有个小技巧，我会把原先的商业计划书拆成三分资料：（1）项目简介。（2）商业计划书。（3）财务预测计划。首先，一开始接触邮件我会把创业项目简介附带上去当作预览，等到投资人看得意犹未尽，问我要详细商业计划书的时候，再把它发出，但我不会把财务预测计划放进去，等到投资人主动再联系的时候，再把财务预测计划留到最后发出来。到这个时间点可以很确定的是，投资人对你的创业项目非常有兴趣。当然如果在一开始寄出后两三周都没回应，就可以主动和投资人联系然后发出商业计划书，虽然可能几率很渺茫，但是只要有万分之一的可能都要尝试。千万记住，有心找融资就不要怕麻烦，一定要厚脸皮！

Q：这么多资料发出去，专业投资人会抄袭你的项目吗？

A：现在网路如此发达，除非你的项目还没启动、推广，但基本上只要上线谁都有机会去抄袭。专业投资人的专长在于投资并不在于创业，创业也是需要能力和强大的意志力，不是每个人都可以的。每天看数十份计划书的投资人比任何人都清楚这点，要投资人去抄袭机会实在渺茫。但话说回来，天下如此大，一两个骗子总是会有的，所以在和投资人接洽的同时还是要自己观察去判断这个人可不可靠。至少在我的创业路途上，还没看过或听说有抄袭的纠纷。

创业融资第二宝：估值

创业团队每天碰到的问题形形色色。不管是在创业的早期或晚期，小团队还是大团队，每个团队所烦恼的事情也不一样，但有一个问题是大家都得共同面对的，那就是“自己的创业项目如何估值”。

估值这个事情不仅仅是对自己的创业项目做评估，更是对未来发展的期望和信心做认可。另外，估值除了对项目有资金面的影响，还有对投资方、对创业项目入股的预期，是一个无论在哪个创业阶段的创业者都会碰到的问题。我自己就在创业的时候，白天为运营上的业务忙得焦头烂额，晚上还得跟投资人和股东在估值上吵得不可开交。

早期的创业项目尤其是还没有成形的，或是没有现金流的公司的估值，实在是非常难拿出一套公式来判定合适的估值，无论是创业者还是投资人，都会对于未来的发展潜力有不同的见解。创业者往往高估自己的项目，而投资者则会为了好的报酬率，然后在融资时讨价还价，无法客观、理智地互相谈判，极有可能造成融资不利而走向失败。但我认为，在谈判过程中若创业者能够让投资人达成协议、取得融资的话，也可以充分证明这个创业者善于商务谈判，这多少也是对这个创业项目的加分与信心。

融资真的不是一门科学而是一门艺术，所以没有人能够给你一个融资成功方程式，但在这里，可以分享的是一些为早期项目估值时通常会考虑的几个因素：

1. **有没有其他投资人**。如果创业项目也引起其他投资人的兴趣，那投资人就会对这个创业项目有信心。因为有其他人看好，投资人普遍喜欢有其他人跟投，来减轻风险。

2. **用户或客户**。一个生意的存在就是要有用户或是客户，如果你已经有可观的用户或是客户群，这对你来说就是很好的筹码。哪怕是你的创业项目漏洞百出，但你有十万、百万用户，那么你融资起来就会非常简单。

3. **收入**。只要你的项目开始有了收入，那么在融资圈里就会有很多的估值工具，可以用来评估你的估值。通常会是根据你收入的几倍和收益平衡的数据来做估值。除非你的收入非常可观，不然收入还是作为估值辅助的资料比较好，不然不会利益最大化。

4. **成长潜力**。早期项目可能在客户数或是收入上，都没办法达到可以谈判的规模，所以最有故事、可以提的就是成长的潜力，例如市场规模、市场趋势等，只要能够展现出未来成长的预测并提供收入估计的依据，成长潜力会是一个非常关键的估值筹码。

5. **行业**。每个行业都有自己的独特估值逻辑，比如餐厅的估值可能是各种评估后的资产的四到五倍左右。相对的，一个网路公司可能是在估计年营收的四倍到十几倍都有，生化科技这种高门槛的估值更有可能超过十几倍的估值。

6. **创始人和创始员工**。之前有提到过，好的想法还是要有最佳的执行，不然想法永远是个想法，在创业项目里有好的团队意味着成功率的提升，这些人的背景、经验、技能等都是会影响估值的因素。

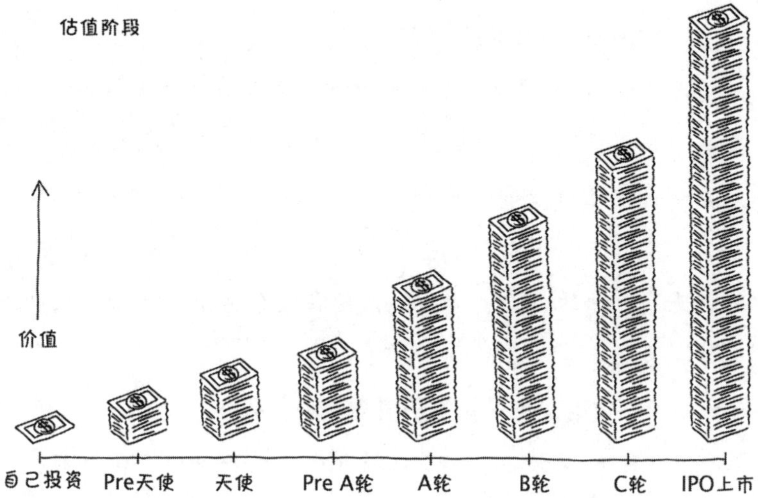

虽然讲了这么多的估值因素，但并非某个因素就会决定估值的结果，反而是整体的考量，毕竟早期项目的估值是个主观性比较大的（艺术）工作，每个案例都不一样。另外还有些投资人本身是带着资源来的，例如通路、用户、技术等，这些都会直接帮助到你的创业项目成长而非只是投钱。因为带来了附加价值，所以估值自然就会比纯投资人的估值相较低一点。

最后要记得的是，估值因人而异，因需求而异，只要得到对自己创业项目最有利益的估值就是好的估值。

估值Q&A

Q：**估值最重要的是什么？**

A：其实写给投资人看的商业计划书里很多事情都不一定会履行，销售不到预期、市场分析不准确、项目发展没有按计划走、竞争对手的崛起等，就连创业团队都会有人离开、加入，唯一能够保证不变的可能只有你自己。所以你的沟通、你的表现、你的自信、你的形象是在整个估值里面占最大的因素，我想百分之五十都不为过。

Q：**一句话，每一轮的估值重点是什么？**

A：种子/天使轮："我在做什么"这件事情要讲得非常清楚。

A轮："我证明了项目是可行的，需要更多钱取得用户"。

B轮："我有了用户群了，需要更多钱来完善商业模式开拓市场"。

Q：**有没有技巧能够说服更高的估值？**

A：有，看国外有没有对应的创业项目，国外有很多的商业模式已经受验证，比如PCHOME是AMAZON、MOBILE01是TECH CRUNCH，这些都是能够给投资人信心，增加估值。

Q：**估值时释出的股份多少比较合适？**

A：早期创业团队在任何的情况下，融资时释出股份都不能超过50%，因为这会使创始人失去努力工作的动力。同样的它也不能是40%，因为这样子留给下一轮投资者的空间就很小。至于到底多少比较合适，就取决于你的估值以及你准备融资的金额而定。正常融资额的释出在5%～20%都还算常见，30%会是一笔相对较大的融资额。

Q：**你需要高估值吗？**

A：很多创业者希望在天使轮就拿到很高的估值，但这不一定是一件好事。当你在天使轮拿到一个高估值就意味着下一轮得需要更高的估值来维持你创业项目的等级，也就是说，你的创业项目也需要看到相对高的成长。如果不能，那么你的估值就无法提高，反而会影响到下一轮的融资，甚至被低估，投资人对你的项目就不会那么乐观和有信心。

所以，估值不是越高越好，而是合理就行，重点在早期创业阶段还是先把想法落实，把产品服务推出来，这样才有助于项目的成长和生存。

创业融资第三宝：孵化器

你可能透过前几个步骤，写了商业计划书、找到了投资人、做了合理的估值，但种种原因就是没有谈成融资怎么办。不用怕，没有谈成是正常的，谈成了才不正常！不管什么“市场很好、热钱很多、缺的只是创业项目”这些话，毕竟投资的都是白花花的银子，怎么来说都会谨慎再谨慎，况且创业项目永远多过闲钱，整个创业环境还是很竞争的，一两次的失败都属家常便饭。我自己在创业时也就多次在融资上面碰到闭门羹，但秉持着“三顾茅庐”的精神，我从来没想过放弃，反而越挫越勇，当时为了“N 顾茅庐”还咬牙硬扛地把垂危一死的创业项目硬撑住，每天都为那一口气差点挂掉或露宿街头，为的就是要看到黎明的那第一束光，最终还是成功拿到融资。

那时候的我为了撑住那一口气可说是受尽苦头，这几年整个“孵化器”概念的崛起，可以说是让这个严峻又残酷的创业环境带来新的气息。孵化器这个概念为的就是辅导、协助创业项目的成长，让早期项目能够得到所需的资源、经验和资金，以确保这些创业项目的成功孵化。国外最成功的孵化器非 y combinator（YC）莫属，YC 本身已经成为孵化器的代名词，以成功孵化 uber、air bnb、dropbox、reddit 等知名创业企业为名，YC 孵化器模式以梯次方式招募新创业团队，然后为期一段期间提供重点培训教学，内容包括运营、行销、财务、融资、商业企划等，标榜毕业后将学会所有创业项目、所需相关的技能并且还会为学员的项目做融资路演，打着 YC 金字招牌，几乎还没毕业就已经都拿到资本的投资意向书。当然进入 YC 的孵化器系统是有代价的，YC 会占每个创业项目一点点的股份作为酬劳。

YC 的成功让这模式的孵化器在全世界遍地开花，但经历这几年的成长再加上各国政府的重点辅助，我们已经逐渐开始看到不同模式的孵化器的产生，这对创业者来说就是有更多的资源，更多的选择，更多的机会成功。

现有孵化器类型

企业平台型	企业平台型孵化器指的是，企业透过技术或是本身庞大的产业资源为创业者提供高效率的创业服务。这些大型企业多为大型科技公司并拥有雄厚的资金实力，比较不会追求创业项目所带来的盈利，反而希望创业项目在科技上有技术的突破，实践创新，然后辅助企业、集团做技术、资源的分享
民间孵化型	主要是效仿美国孵化器的成功模式，由民间资本或各大基金/创投机构主道，以成功创业者或是大型企业高管等丰富经验人士作为导师，传授创业者包含运营管理、产品设计、行销规划等经验，目的在降低创业风险并提高投资成功率。孵化器在辅导期间进行天使投资，并在后续协助寻找融资，成功后退出赚取股利
开放式空间型	开放式空间的孵化器，是在基本的孵化器概念上注入了为创业者提供基础的办公空间，并以低廉的租金提供共享式的办公设备。空间还会定期邀请创业讲师来举办讲座和研讨会与创业者分享经验，指点迷津。开放式空间和传统孵化器相比，没有在融资上做太多干涉，主要注重的是打造创业生态圈和品牌效应
媒体平台型	透过媒体自身旁大的媒介平台为创业者提供宣传和注目；透过庞大用户群快速地吸引眼球。主要注重的是利用资源去对接各路的投资人，然后形成线上至线下的投资约谈模式

（续表）

政策孵化型	政策孵化型是最早型的孵化模式，该模式一般由政府主导，利用庞大的产业资源和政府政策来提拔整个产业化的发展，主要注重用公共平台去支撑、建立整个产业创新生态的系统和创业产业园区

如何找到适合创业项目的孵化器，是创业者需要去了解和挖掘的，但确定的是不管怎么想，在等待融资的这个空档期能够找个孵化器来依托，不只能够开拓资源，更能借由各孵化器的优惠辅助政策，得到运营压力的纾解，让我们这些努力生存、为了等到融资的创业小强有了地方寄托，等待翻身的机会！

创业懒人包：商业计划书+融资三宝

写个商业计划书

+

1. 找个专业投资人
2. 决定理想估值
3. 找不到融资，找个孵化器蹲着等

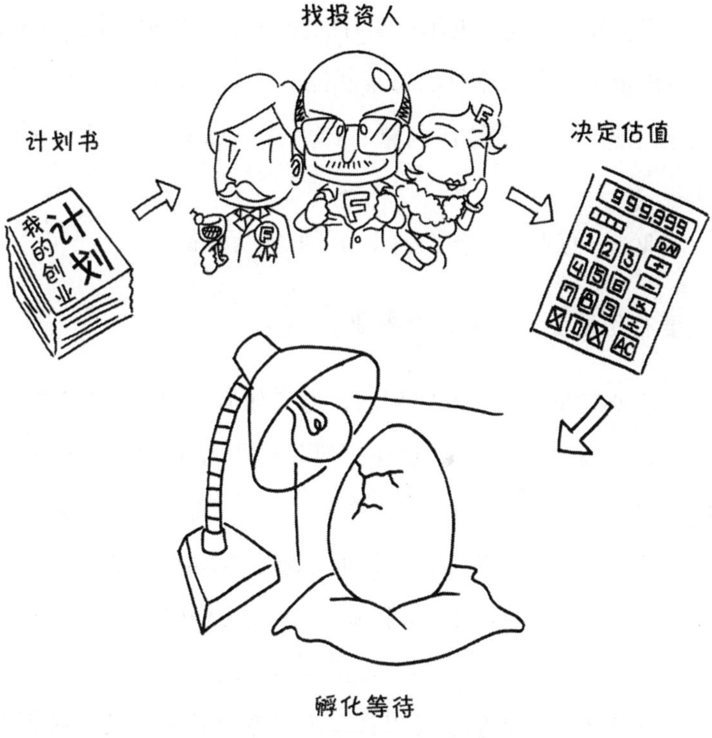

鱼和熊掌兼得的兼职创业守则

我从大学半工半读开始到今天，工作经验已经超过十年。在职涯里，我一直都在追求自己的梦想，那就是当个职业经理人的同时也当个成功的创业者。为了追求这个目标我做过很多的工作，也经历过不同的创业项目，从中了解和学习如何做一个职业经理人并同时做一个真正的创业经营者。在摸索这两者的过程中，我一方面把工作所学习的经验用在我的创业项目上，另一方面也用我在创业时的思维和能力把自己打造成一个独特的职业经理人，我总是在调整自己，让自己有一个多元化的职涯。

职业为了创业而准备，创业为了职业而准备。

不只要有份职业，还要有份事业

分清楚职业和创业的区别后，那该如何兼职创业呢？相信许多上班族都会有创业的想法，但是绝大部分的人都还处于“不想冒险又想创业”的心态。事实上，上班赚钱兼职创业，不但能够锻炼能力、积累经验，同时还能够积累创业资金降低风险，又不占用上班时间，可以说是一举两得的好事，何乐而不为。

一般来说，兼职创业可以说是上班族赚钱创业的一种创业途径，透过科技发达的便利性，创业成本门槛降低，下班已经不再是一天工作的尾声，也并不是只针对不满于现状的上班族们将正职精力转移至兼职创业，而是提供了一种将上班以外的时间投资化与理想化的可能性，并将生活塑造得更有意义和目标。每个人下了班后都可以打开一扇属于自己的创业之门。

但是，如果真的要开始兼职创业那该做好哪些准备？怎样才能提高成功几率？面对有限的时间和精力，我们又该如何针对职业和创业理性地进行资源分配？兼职创业虽然不算是全职的创业，但能够顺利运作还是需要一定的技术、人脉、金钱来作为资本支撑，并不会因为是兼职创业所以变得简单，兼职创业一般需具备四个条件：

1. 有技术

也就是个人的人力资本，由于创业初期往往是从一个人或者几个人开始，因此选择个人的优势和长处非常重要，最好是从自己熟悉的行业和专业入手，或寻找有合适技术的合伙人进行创业，成功的概率会相对较高。

2. 利用自身积累资源来建立人脉关系

学会充分利用在工作中积累的资源和建立的人脉关系进行创业，可以大大减少创业风险。要注意的是，不能把个人创业的事和正职工作搞在一起，将工作先后顺序搞颠倒，或甚至把个人创业利益与工作的事宜搞在一起，这样做不仅要冒道德上的风险，而且很有可能会受到法律的制裁。

3. 要有一定的启动资金，即财务资本

由于下班后的创业多为小成本起步，各方面的资金预算通常较为有限，而创业初期又是各方面资源耗费的最大时期，尤其是人力成本和运营成本需要每月基本的金流来维持，全方面事先做好各种资金的储备，就能在较大程度上保证创业的成功率和稳定性。

4. 有一份和你创业项目互相匹配的工作

兼职创业最重要的配套条件就是“一份匹配的工作”，因为在创业过程中经营者最缺乏的就是两件事情：时间和资源。正好这两件事情可以透过找到匹配的工作来满足。找个工作量较低、朝九晚五的工作意味着你下班后有很多的时间精力来经营你的创业项目，或是找个工作能够带给你更多你所需要的资源，例如厂商或是合作商，甚至是工作岗位的头衔，若有助于你的创业项目，这些都可以仔细规划、思考匹配性，让利益最大化。

最后，兼职创业能够最终成功还有很多重要的不可控因素，比如创业时机、市场需求、个人运气等。进行任何形式的创业都不应急躁强求，不单单只是兼职创业而已，创业经营者们还需根据以上创业要点理性地顺势而为，见机行事。在选择兼职创业的时候要注意与自己的特长、工作上的技能和未来发展的方向相结合，善于把这几个方向结合并找到清晰的目标前进不后退，便能够让你在职业上发展顺利，更能在创业达到成功。

5

突破职涯新困境

只会抱怨工作、跟家人在一起也老是被念没有抗压性。无论继续上班还是创业，你都该好好思考自己想走的路，并具备管理能力与可扩展技能，才能突破瓶颈，在全球化的舞台上寻找更多机会。有大格局、大趋势，“站在风口，猪也能飞起来！”

5 突破职涯新囧境

我的职涯中，看似一帆风顺但一路走到现在却也是跌跌撞撞。再怎么定位、再怎么规划，也无法预料到突发状况的发生。职涯囧境让人有时迷失、有时不放心，但只要记住“持之以恒”，用 GPS 带领你往目标前进，打造你专属的黄金职涯。在这里，我用亲身经历和你们分享我是如何应对职涯中所碰到的五大囧境。

囧 1 我有能力，为什么找不到好工作？谈“面试技巧、要诀”

好好读书考上一个好学校，毕业后才能找到一份好工作。读书到位了，结果工作找不到、面试也过不了，领着一点点薪水天天吃不饱住不好。大学生摆地摊、开店卖咖啡、硕士生跑去卖鸡排，才刚毕业就觉得人生已经没有什么好期待了，该怎么办？

“我知道啦！”

“你先认真把学校最后几个考试考完吧！这才是你目前最需要专心的事情。”

“有啊，我边读边找啊。”

“把书好好读完，别最后各科不及格还找什么工作。”

“不行！我要抢头香，不然好工作都被别人抢走了。”

“别急，慢慢找才能找到好工作。”

“知道了，知道了。”

我的家庭非常单纯，就是个传统的两大两小的标准家庭。从小到大每天被妈妈的理念宣道、洗脑，一心只想用功地读书，然后毕业后找一份好工作当个乖儿子。在当学生的时候我非常认真，认真不是因为喜欢读书，而是想要早一点出社会、开始上班。那个时候每天就是幻想着自己出社会后，在职场上叱咤风云的模样，简直是帅呆了！

有一天，我在网上闲晃的时候无意间逛到了人力银行（求职网），这时候的我还不太清楚整个就业市场的环境和行规，直觉得看着网站里数不完的职缺，大公司、小公司、知名的、新创的，工作遍地都是，整个人很天真地认为：“这么多空着的职缺，简直是为了等待我的出现，来补职缺吧！”就这样，我带着天真的想法，连期末考都还没考完就已经开始每天上就业网看看有什么职缺。

不知道为什么，人力银行有一种振奋人心的魔力，每次上去晃个几圈，就觉得人生是如此美好，有着无限的希望。终于，我受不了诱惑，随随便便地填了现成、制式的线上履历表后，接着开始疯狂地投履历，递给那些我认为非常适合自己的工作。市场贸易专员、游戏测试员、精品销售、设计师，甚至是部门总经理我都试过！

只怕有漏网之鱼，我在短短的几天内投递了至少上百封履历，投完后心里非常满足，每天就是开心地等待电话响起的那一刻。一天过去了、两天、三天、一周、两周，到了第三周还是一通电话都没有响起过，我的心情瞬间跌到谷底，那种感觉好像是掏心掏肺地写了一堆情书给心仪的女生，却一点回应都没有，对方连拒绝的时间都不想浪费的样子，我找工作的初体验彻底失败。

人力银行的迷思

人力银行是大部分找工作人的重要管道，尤其是对应届毕业生来说，他们没有太多的社会经验，所以所找的职位普遍为入门级职缺。一般说来，企业雇主不太会花太多的精力和预算来做人才招募，几乎都是用“人才招募计划”的方式来执行并在类似人力银行上刊登发布讯息。当你看到这工作机会的同时，其他上万个应届毕业生也同样会看到，这时你的履历表就很有可能变成几百、几千封履历堆里的其中一张纸。

虽然这看起来是个糟糕的状况，但偏偏这个求才途径是现阶段各大公司主要依赖的管道。在这状况下，求职者也只好乖乖地循着这游戏规则玩下去，然后心中暗地说服自己说："人力银行上数不完的职缺，总会有轮到我的时候吧？总会中一个吧？"但事实是，虽然在人力银行上看似有着数不完的职缺，可是真正有缺的却寥寥无几，为什么会这样？原因其实有很多。

有些公司因为流程规定的关系，所有职缺一定要有公开刊登的期限，另外也有些职缺其实早就已经补上，但因为大公司都是以买断方式购买求职服务，留着求职讯息并不会增加任何成本，所以也就没有积极、主动地去把公开职缺下架，因而产生很多幽灵职缺。算来算去，真正的有效职缺也就没剩几个。

工作到底要怎么找？

"怎么办……"

"什么怎么办？"

"前途一片迷茫，找工作怎么这么难……"

"还好吧！找工作本来就跟找老婆一样，急不来的，慢慢找。"

"哎，没信心。这么多工作机会没一个看上我，这世界怎么这么残酷啊？"

"这样好了，我有朋友做人资的，我让他跟你聊聊。"

"噢……"

找工作失败的经验，让毕业后的我变得非常迷茫，石沉大海的履历表把我那单纯又对未来充满期待的激情给瞬间浇熄。原本，单纯地以为疯狂投递履历后，就可以在家翘着腿，慢慢等待这些公司捧着高薪、高职位的职缺来给我，结果现实并非如此……这让我心中产生了一个很大的疑问，那就是：“工作到底要怎么找？”当时，我把自己惨痛的经验和几个较年长已经在工作的朋友分享了一下，他们问到我，“是投了哪几家公司？找的是哪些行业？履历是怎么写的？”这几个简单的问题竟把我问住了。因为当时我只顾着看有没有职缺，然后就狂投，压根没有想对方是哪家公司、哪个行业，更不用说曾想过履历表要怎么去写。

就这样，我发现了自己之前的行为有多么的愚蠢，不只浪费了自己的时间，更浪费了收履历的人资。当下，我觉悟了起来，也是我日后甚至到今天都会给大家的意见就是：“别愚昧地追人力银行的职缺找工作了！”一定要更有目标地，更有效率、有技巧地找。

觉悟的我开始逆向思考，雇主到底是透过什么途径来找人？现在来做一个推测，今天一个职缺一空出，第一个知道的一定是同部门的主管，再来是人资部门，公司其他员工再从人资部门得来消息，之后消息再从这些员工传出去到亲朋好友的耳里。如此看来，这整个招募流程环节很重要的一个接触点就是“人”，如果一开始同部门的主管就有认识的亲朋好友适合这个职位，消息还没到人资可能就已经被内定走了。相对的，每到一个接触点都有可能把消息散播出去，然后“被内定掉”，这让我想到之前看到一份调查资料上说："百分之六七十的职缺，都是透过关系介绍补上来的。"所以，最佳的找工作渠道其实就是周边的亲朋好友们。

再来想想，剩下没有被内定掉的职缺为什么没被内定掉？很大的原因可能是"专业性要求比较苛刻"，或是需要某种技能、经验，这种比较有门槛的职缺本身就比较有针对性，公司本身也知道这类的专业人士并不是很轻易就能找到，所以也就比较有意愿花更多预算和精力来招募这些人才。

市场上有许多有专业性的媒体，例如专注于经济、商务专长的《经济日报》、产业性强的专业杂志，以及各大专业、行业论坛网站，部分公司都会针对这些专业性比较强的媒体，刊登招募讯息。基本上，若公司愿意花钱刊登，就几乎可以保证这职缺是个受重视的职位，更不太可能是个幽灵职缺。但同时你也可以确定的是，这类的刊登受众群很准确，大家都是有特定技能、经历的专业人士，所以竞争也会非常激烈。

最后，不管再怎么对人力银行上的幽灵职缺感到心凉，但也没办法面对潮流逆行，多少还是得在各大人力银行上寻求一些职缺。但有几个小技巧可以参考，好让你来分辨出哪些才是真正的职缺，哪些则是放着看心酸。

第一，看看这职缺的介绍写得详不详细，应征需求写的是不是很具针对性，还是太笼统。详细的介绍加上有针对性的应征需求，代表着公司人资有花时间在这上面并下功夫，也就是说真实性非常的高，如果有着详细的介绍但针对性的需求太笼统，那就很有可能是个长期放上去的讯息，虽然暂时没有职缺，但长期上架用来吸引履历表，人资会留着备用，若以后有需求时可以快速地锁定人才。

第二，看看这家公司是不是同时招募超过二十到三十几个职缺。若是有，这并不代表这公司所放的都是幽灵职缺，而是在这看似二三十个职缺当中，其实只有大概四至五个真实职缺。之前有提到，公司通常是以包月、包年的方式购买求职刊登套餐，因此就算不下架也对他们没有什么太大的差异，还不如放着，收集履历表，以备往后之需。

找工作的黄金渠道：

1. 家人朋友的推荐往往是最有效，也最快的途径。

2. 透过专业行业网站和猎头服务，能够更广泛地接触到不同的职缺。

3. 各大人力银行、猎头网站、专业报纸杂志和统一招募的面试活动，撒网式地大规模搜寻。

你的履历表

"喂……请问是余先生吗?"

"是的，你好。"

"不好意思打扰您一下，我们这边看到您在人力银行上的资料，想麻烦方便寄一份履历过来吗?"

"咦……人力银行上不是有我的履历吗？看不到吗?"

"喔，不是的！不好意思。我们通常会要求除了人力银行格式以外的更详细的履历。"

"喔喔，这样啊！我手上没有耶，可以过两天给你吗?"

"没问题，麻烦你了！"

原来找工作也是需要有技巧性的。选对渠道后，整个人有重生的感觉！我开始摩拳擦掌、蓄势待发地准备再挑战求职这个当初伤害我很深的经验。当时，因为刚毕业，所以手边有的履历表就是之前在人力银行上所填的"公版线上履历"，这样的制式履历表对于应届毕业生来说还算是可以接受的。

可是，当你越来越有经验，或是你找的工作越来越专业、公司越来越有规模，这些职缺对于履历表的要求也就会越来越高，制式的履历就比较没有那么有弹性可以让你发挥，或是放你自己想要的讯息，更没有办法让你履历独特化。况且，既然已经知道人力银行不是唯一找工作的渠道，那么你就需要一个能够在不同形式上都能适用的履历表格式。

但什么才是好的、有效的履历表？对我而言，履历有两种类型，即“自我为中心”的履历和“管理委员会”的履历。

前者写的是自己，认为自己在做什么，不听别人的意见，我就是我。后者写的是听取别人的意见，认为自己在做什么，甚至频繁地到处问取意见。但在大多数情况下，你会不清楚别人给予的建议究竟是好还是坏，别人说、自己就做，拼拼凑凑的把履历修改出来。

至于哪一种履历比较好？其实很难去评论。我看过的履历表中，大部分都是把自己写得很谦虚。当然也有些履历写得好，把自己神化，但真人却并非如此。履历的重点是忠实且真实的把你的能力、经验用最有效、最吸引人的方式宣传出去。

自制履历七步骤提点

1. **履历主要包含职责范围**。雇主会想知道你职责范围里所负责的具体任务和目标，不要只是职责描述而已。

2. **要有足够可量化的结果**。雇主会想知道你达成目标后所得到的产值，例如金额、数量、百分比、排名等。越是有数字相关的越好，但当然不一定每个目标都会有产值，如果是这样就要具体的成果，例如某系统的整合、某流程的规划等。

3. **不要有太多的基本讯息**。如小学和高中，以及一些基础的技能和平庸的经验。

4. **不能对未来没有太多的想法**。雇主虽然需要知道你在过去所做的事情，但同时想知道你对自己未来的规划和发展，还有你的下一个目标。

5. **千万别将所有东西满满挤在页面上**。狭窄的边缘，超小的自己，阅读起来很困难，雇主一天要看许多履历，会希望它能舒适阅读且不需要放大镜，同时还需要知道你有组织能力，了解什么讯息最适合放在页面上。

6. **避免出现错字或格式不一致（字体、行距、颜色等）**。还有编写的细节，雇主需要知道你有足够的主动性去做彻底检验的动作，并且呈现出最好的一面。如果连在找工作时都没办法做到，更何况在上班后再去做到这些细节。

7. **千万别超过两页**。正常来说一份履历到了一个人的手里，雇主大概会先花个十几秒快速地扫一次，若这十几秒没有抓住雇主眼球的话，那可能就会被放到一旁忽略掉。但如果发现有意思之处，第二次看可能会花个一两分钟，所以履历不要超过两页，这样抓住雇主眼球的几率会比较高，当然除非你的工作经历非常丰富，可能就有必要到三、四页。

履历表图解分析

一份履历表以两页为基准，第一页的重点，用最简单明了的方式把关于自己所有的资料呈现在面试官面前。

A：履历表上加张端庄的彩色照片能够给应征者一个视觉感受和个性，也更有人情味。

B：写上基本资料以及联络方式，名字、电话、电子邮箱等。

C：写一小段关于你自己的介绍，在这里把你的个性、喜好写上，生活面的你以及你对于自己未来的发展和规划。

D：这里用清单的方式列出你的技能，例如你的学历、证书、语言、OFFICE 技能，或是设计软体等技能。

E：这里用清单的方式列出你在社团或打工上的成就，最好是能够量化的成就，例如完成的项目、特殊经历、销售业绩、成本节约等。

再来第二页的重点，把打工或兼职等职涯里所有的经历和成就，用最整齐逻辑的方式呈现在面试官面前。

F：把最近两次的就业经历呈现出来，首先写一段简单介绍这份工作和公司的内容，再来用清单的方式列出四个在这份工作所得到的成就和完成的目标。

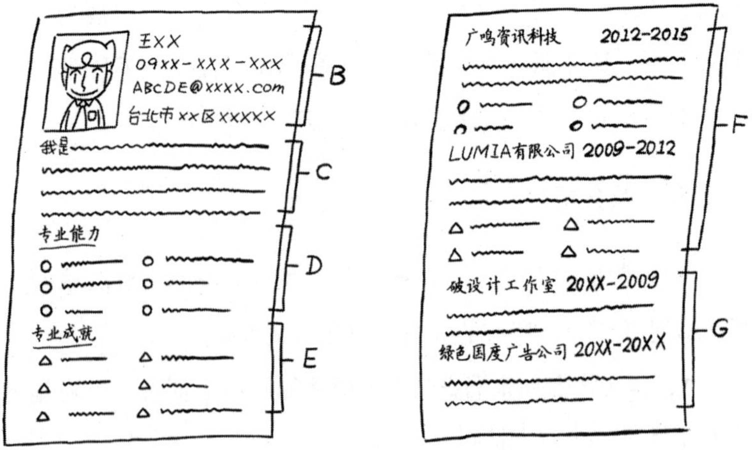

G：最后在所剩的空间规范内，把其他经历列出来，在每份工作旁写上一小段简单的工作介绍。

然而履历表再好，说白了也只是一张纸，一张纸能够表达的东西实在是太有限，它虽然可以把一个人的技能、实际经验，一一呈现出来，但是却无法展现你的个性、你的气质、你的态度、你的自信，这些个人独特的特质。

认真对待面试通知电话

"喂……请问是余先生吗？"

"是的，你好。"

"你好，上次跟你联系过，我们这边看完你的履历觉得不错，想请你过来面试一下，不知道方不方便？"

"什么？真的吗？当然好啊！"

"那就这样子，我们就约后天下午请你过来我们办公室。"

"好的，没问题！谢谢！"

"好，那就这样！"

"咦？等等！办公室在哪……"

第一次接到面试通知电话时简直就像中彩票一样的开心，我心想这是真的吗？当时又紧张又兴奋，脑袋里整个一片空白，在电话中快速地和来电方敲定了时间地点，挂上电话之后整个人捧怀大笑，心里只有一个“爽啦！”之后马上电话拿了起来拨给妈妈报喜，整个搞得好像已经有了这份工作似的，很沉浸在这喜悦之中，但做母亲的总是会在吹捧后理性回问：“是哪家公司？”这时我才发现，接电话时要不是太过紧张就是太过兴奋，竟然连最重要的讯息都没有留意……。

在接到面试通知电话时，最重要的事是能够准确地抓住关键的面试讯息“地点、时间、联系人、联络电话”等，若是没准确记录这些讯息，面试就极有可能开天窗，越是社会新鲜人就越不能够承担这样的风险，因为如果错过了面试机会，很有可能没有了第二次。不是对方已经找到合适的人，就是有一大堆和你一样的毕业生等着来面试，何必等着你！切记，现在的你还没有独特到值得有份工作机会在等你。要记住，接到面试通知电话后，还可以多嘴的多问几句，目的是好让你能够好好地准备面试当天的事宜。我通常会问两件事：

第一：将会和谁面试，名称、职位

了解面试官是谁，就更能了解面试大该会是些什么内容，如果是 HR，问题多半会围绕在你的现状、为什么来这面试、未来的动向如何等。HR 面试的专注点是为了了解这个人的稳定性、个性以及思考逻辑。如果是你的直属上司，更多的问题会围绕在技术层面上，例如以前是怎么做、你现在会怎么做、你以后该怎么做。如果是大老板亲自面试，那问题就更多会在你的家庭状况、理想、喜好，大老板通常看中的多是你这个人的品德、与他的默契和整个人的气势和气质感觉。

第二：要去面试的职位是什么

有时候，你会碰到投履历应征某职位，等到在面试时职位竟变得完全不一样！会这样是因为人资觉得你更适合某个职位，或者也是应征公司本身的问题，他们有不同的产品线、不同的客户群所导致。去面试前，先确认到底是面试什么职位，做好充分的功课，了解职位该做什么、了解行业的环境、了解这家公司的情况。越能够全方面了解，你就越能够轻松驾驭面试官所丢给你的问题。

准备电梯演说（Elevator Speech）

“介绍一下你自己！”这是面试过程里百分之百一定会被问到的问题，看似一个普通到不行，但又一定会被问到，可是大部分的人都没有一个很好的回答。既然都知道这是一定会被问到的问题，事前就该好好准备一下。之所以叫做电梯演说（Elevator Speech），顾名思义的是说电梯式的演说，搭一趟电梯大约需要45至60秒，也就是讲一个60秒的自我介绍。60秒的时间其实真的不多，也就是说，你只能专注在最重要的讯息里。

电梯演说五个重点

1. 一开始，先讲一些关于你个人的事情。比如你的来历、家庭、教育等，增加一些人性化的元素，拉近你与面试官的距离。这点非常重要。

2. 讲讲你的学历。学的是什么，参加过什么社团，还是有什么值得一提的成绩。

3. 说一下你的工作或打工经验。不用讲到细节，大致上讲一下行业别、专业领域，再加上待过哪几家公司。

4. 再来讲一下你在之前的工作里最值得一提的成就。最好是跟你现在面试的工作内容有关，记得是能够让你的面试官在听到之后，眼睛会为之一亮的。

5. 最后，把话题移转到现在的状况。为什么你现在会坐在他面前，或是你坐在他面前能够带给他什么利益。

一个标准的电梯演说大概如下：

我从小在台中长大，家里是个标准的四人家庭，爸妈以前都是国小老师，现在已经退休在学区开店做小吃生意，而我哥目前在竹科工作。大学读的是师大外语系主修日语，同时也身兼学校社团“功夫社”的副社长，提倡推广读书以外的身心健身理念。大学毕业后加入了国际贸易的行业，并且陆续还待过美商、日商的外贸公司，现在在新竹园区从事3C产品贸易，担任国际资深业务一职，专门维护及开发南美地区业务。在我就职现在职位的两年里，屡次达成市场销售目标，更维持连续五个季度百分之十的成长率。我非常热爱国际贸易行业，希望能够带着自己的经验和热情加入一家更有前瞻性、国际视野的公司，在强大的团队下，在国际舞台上并肩作战，接受新的挑战。感谢你抽时间跟我会面，希望我的经验和性格有符合贵公司的文化和业务需求。谢谢！

以我的速度来念这些，大概会花 50 ~ 55 秒，基本上符合 60 秒的限制。如果你念的速度快一点，可以再衡量看是否再加一两个要点进去，但要记得重点不是你在 60 秒内能够讲多少，而是要确保你说得清楚、有条理、有逻辑性。随时准备好你的电梯式自我介绍，很多的场合都可以及时地用到。

另外，你也可以事先准备一些比较常会碰到的问题，想过去发生的故事或执行过的 CASE 来备着应对。面试最常碰到的几个问题如下：

你最大的优点是什么？

你最大的弱点是什么？

你如何处理压力？

描述读书或打工时期一个困难的任务或工作情况，你是怎么克服的？

你为什么想要这份工作？

我们为什么要用你？

你未来的目标是什么？

你有没有失误过，你是怎么处理的？

主动出击！SARBs：情况、行动、结果、效益

面试过程中，除了你问我答的流程外，我喜欢自发性地主动把自己的能力推销出去。如果你只是被动地等问题、回答，面试官很有可能没有把问题问到位，也导致你没有机会把自己真正的实力呈现出来。所以，我都会主动地把话题带到我想表达的 SARBs 上。SARBs 就是：Situation 情况；Action 行动；Result 结果；Benefit 效益。今天，如果我知道这份工作的需求是很强的团队组织能力，那我就会事先准备好一段 SARBs。

例如，在上一份工作里团队没有什么团结力（情况），当我发现这个状况时，我立即建立周例会的制度，让大家可以互相多了解彼此手上工作在做什么。再加上每周都会举办团队聚餐活动拉近彼此的关系（行动），一个月之后团队里彼此产生默契，不时地会互相资源彼此的任务（结果），因为团队整体的效益大大提升，任务完成周期也相对地缩短了百分之二十，季度目标也顺利达成（效益）。

这样的 SARBs 一说出，面试官就会很清楚你分析问题的能力在哪，并且又看到你的执行力，以及你带给公司的附加利益。

以这样子的实际例子，预先在脑海里准备几个、做些功课，随时有机会就拿出来，用 SARBs 来表述你的能力永远比单单地说“我很厉害，相信我”，来得更有说服力。

面试小提点

1. **热情，不是滥情**

表现热情的时候，不要变得太轻浮。热情表现需要实际的点，并且能够给个专业的理由才是有理的热情。例如：“我喜欢贵公司的文化，贵公司以真诚相伴，一诺千金作为公司理念，跟我人生追求的诚信待人理念很相应符合。”

2. **真诚，不是木讷**

很多人认为，真诚就是不添油加醋地回答问题，你问，我答，你一句换我一句，而且所有问题我一句到位，表现最真诚的自己，但是这样会让不了解你的人觉得这个人是否有点木讷，不怎么精明。在面试过程中，如果你也能丢出问题问面试官，这样你来我往的互动会增加真诚的感觉。当然，不是话多才是真诚，真诚的其他表现可以在语气上，可以放慢讲话的速度、加重话语的感情、加点高低起伏的语气，还有面带微笑，这些都可以让你在面试过程中增加真诚感。

3. **信心，不是傲慢**

信心与傲慢只有一线之隔，信心的呈现不是尽可能地把自己的经验能力吹嘘起来，不是讲得快、讲得大声，信心的呈现是能够有条理性地细说实际状况，被问到不会的问题，能够正面回应而不是打嘴上太极。把面试你的人当作你的老板，细心地听、认真地答，无需表现得我什么都比你厉害的样子，以免聪明反被聪明误。

4. 上进，不是无知

被问到不懂的问题时如果装懂，好像不对，但不断地说不懂，好像也不对。想要表现得有上进心，最好回答："虽然现在不懂但是会努力学习。"当开始被问到一系列不懂的问题时，你就需要主动跳出做止血的动作，率先把这议题丢出，承认自己确实有些知识不足的地方，并且提出往后打算如何学习、弥补不足。如此，面试官就觉得你是个机灵又有上进心的人，而不是无知的人。

面试过后五件事情你可以做

面试过后又是另一个战场。与其守株待兔，不如乘胜追击，才能增加获得这份职位的几率，确保你在所有求职者中属于领先地位。

1. 问

当你面试完毕后离开之前，可以直接问面试官什么时候可以得到他们的答复，有个日期你也比较好可以跟进，但招募方不一定会给你个确切的时间点，但问总比没问好。另外就是不要忘记拿名片，如果没有任何的名片那也可以询问他们的电子信箱，反正重点是一定要有个联络窗口才行。

2. 感谢

在面试完后的24小时之内，通过 e－mail 发个感谢信，表明你看重那次面试机会，它除了是表达感谢，而且也代表着你对于面试的职位和公司相当有兴趣，也是一个专业和成熟的表现。24小时内发出也会提高对方对你的印象；如果两个求职者差不多，一个寄了感谢信，一个没寄，你觉得哪一位会被录取?

3. 继续找工作

这也不用多说了，没有实际拿到录取通知书、员工证，找工作就不能喊停!

4. 追踪

当初面试官若是有给你确切的答复时间，就可以耐心地等到那个日期。但如果没有给，面试日过后一周可以发个 e－mail 询问目前的情况。若还是没回复，可以在第二周时再询问，若再没回应的话，也没有必要发第三封邮件了。这时只能赶快找下一份工作吧!

5. 虚心接受事实

等到电话或 e－mail 终于回复，但如果遗憾的不是你想要的消息，千万不要气馁。对方决定聘请别人而不是你，可能有许多的考量，不一定是你比别人差，只是某方面上有不适合之处。最重要的是要记得询问“不适合”的理由，同时控制脾气，也不要忘了保持礼貌，虚心接受，因为这些回馈，可以让你在下一次的面试更注意并且进步。

面试就是一场生意

我从毕业开始到现在，可说是面试过无数次，很喜欢每次面试机会，每次都会是新的经验，每次面试都是真枪实弹，每次都决定了你是否会得到这家公司的青睐。面试的机会本来就得来不易，所以我也特别珍惜，面试不仅可以让你熟识这家公司的业务和文化，更可以让你自己更了解你自己，就算没被录取也可以从中了解不被入取的原因，发现自己的缺点，以后再加以进步。记得刚出社会年少轻狂，还记得有几次还被面试官好好的教训过几次，于是我慢慢开始学着不那么傲慢、真诚一点、稳重一点。

面试本身就是一场来回交易的生意，公司招募时是买家，你在求职所以属于卖家。买家有自己的需求，卖家有自己能提供的技能，只要找到交际点就可以促成这桩买卖。工作机会真的很多，只有做好十足的准备工作，才能够吸引到好公司的目光，才能有机会找到你梦想中的好工作。

囧2　我有能力，为什么找不到好定位？谈“你要的是什么”

每天像个机器人做着同样的事情，没有学到新东西；工作也没有什么突破，不是熬夜加班做无需脑力的劳力活，就是上购物网、聊八卦、逛逛脸书没事做，脑细胞每天慢慢的哀嚎死去。这一切都是为了什么？我入错行该离开了吗？

“恭喜你，找到的第一份工作就这么好。”

“谢谢！找工作真的没那么简单。”

“知道得来不易吧，所以你要好好地珍惜这份工作。”

“我知道的！”

“千万不要没过多久就开始抱怨，想换工作啊！”

“不会吧，我看起来像这种人吗？”

“你们这年代的不是草莓族，就是布丁族。”

“我要努力证明你看错我了！”

经过一个多月的努力，终于顺利找到了第一份工作。我对这件事的印象很深刻，因为当时这家公司只招募硕士生，号称是“精英计划”，类似储备干部那样，听起来感觉帅呆了！但是统一招募的会场上，密密麻麻来了上千人……心想，哪来的那么多硕士生，接着就是一系列的考试、测验。考完后过几天，我又被叫回去参加第二轮的面试，第二轮的面试明显少了很多人，但仍是人山人海的感觉。第二轮的面试直接在这家公司举行，一整天就这样耗在这里跑上跑下，见这个聊那个，顺道再随机又做了测验。之后过了几天又被通知叫了回去，这次只剩十几个人。接下来几天，参加了无数的课程、活动，还有顾问公司来给几个候选人做专业的评分，几天下来的最后一天，面试到了高潮，最后进行的面试有点像美国实境秀影集《谁是接班人?》（APPRENTICE）里川普（Donald Trump）的会议室场景：每一个候选人都要当着其他候选人面前，进行一对一地和公司高层进行最后的面试，并且还被要求在全部人面前提名最弱的候选人。现在回想起来还真残酷，但也就这样，我过关斩将地被成功录取。说起来可能会很荒谬，但也是正式录取后，我才知道原来自己进了一家广告公司，误打误撞地开始了我的广告生涯。

这样的戏剧化奋斗，为了就是争取一席之地，所以我额外珍惜这份工作！想说这大费周章的征人过程，大家抢破头想进来，这一定是个好公司！一定会给我很大的舞台发挥！成为广告界的新巨星，指日可待！

期望线与现状线

“好羡慕你，已经开始面对客户了。”

“还好吧！只是每天都好忙，但又不知道在忙什么。”

“总比我还在影印室每天印东西好吧，你真的很幸运。”

“我上礼拜不也还在那每天帮老板们印东西?”

“哎……好迷惘，真不知道现在是什么状况。”

“喔，对了，最近怎么都没看到浩哥?”

“他喔，请病假。”

“咦？他怎么了?”

“加班太多，三餐不正常，结果内分泌失调，现在眼睛都看不到了。”

“不会吧……”

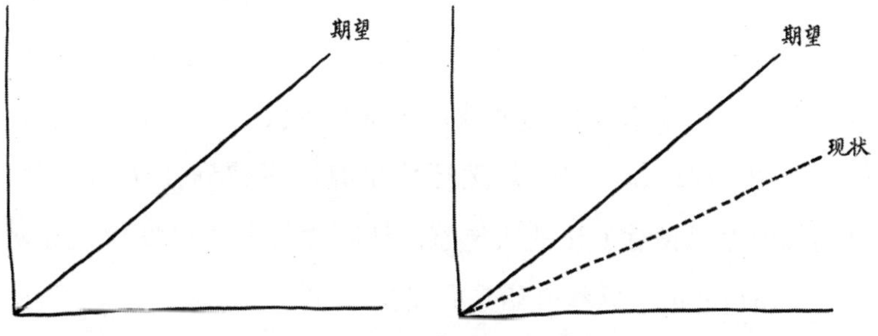

期望和实际情况的落差，是刚开始工作前三年最经常碰到的问题，一但落入这个落差漩涡里是很难爬出来的。不管你是不是职场新鲜人，只要换到一个新的工作环境一定会有所期待，感觉前途一片明亮，把上一份工作或没工作的失落感作为期待新工作的燃料。期待越烧越烈，导致期待开始和真正的工作现状起了分歧，越离越远，等到两方走到一个极端，失落感达到极限，一切崩盘，一切都变得不美好。抱怨、反感、种种问题一涌而上，工作影响到生活，整个人的心情跌到谷底，无法振作起来。很多时候，在工作上现实状况你根本无力改变，你唯一能够控制的只有你自己对于现状的期待，调适得好，就能够轻易地拿捏你的工作状态，在工作中找到动力。

当时，我带着巨大无比的自信和期望，来到好不容易进入的广告业，充满抱负地开始了我的职业生涯，摩拳擦掌准备好好地表现一番，对于未来充满憧憬，一定会有很多的机会让我发挥，肯定会做很多了不起的事情，所以我的期望线呈现出非常正面的成长。

那时我刚开始工作，感觉什么东西都很新鲜，这没看过、那没做过，辛苦但是学习了很多新东西，算是新鲜甜蜜期。可是慢慢地因为经验问题，很多重要的任务没有机会参与，工作也变得只是做些重复性的事情，学习变缓慢、无趣，没有新鲜感，又碰上加班、应酬，甚至还传出有同事累到住院的消息，这些都加深了我对工作的厌倦感，让我觉得上班也没什么好期待的，所以我的现状线开始走向衰弱。

这时，我的期望线和现状线随着时间慢慢越走越远，而这两条线的中间所产生的距离，就是我的“失落”感，这块面积越大，失落也就越大，等到失落感大于能承受的境界，就是“不安于现状”的念头开始萌生的时候。离职换跑道变成我每天在思考的议题，早上起床上班更是一件艰苦又打击士气的事情。

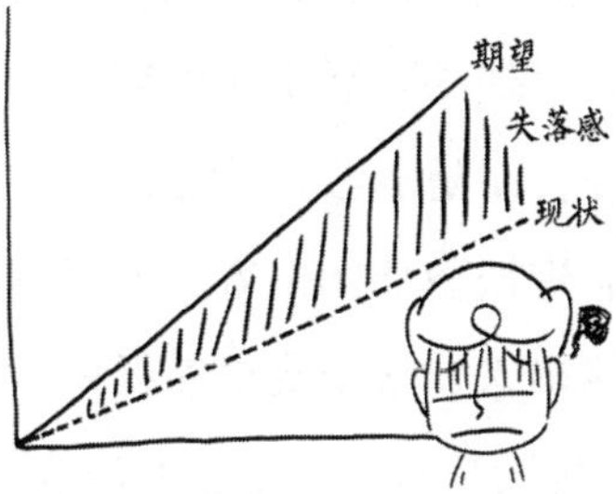

落差造成失落感

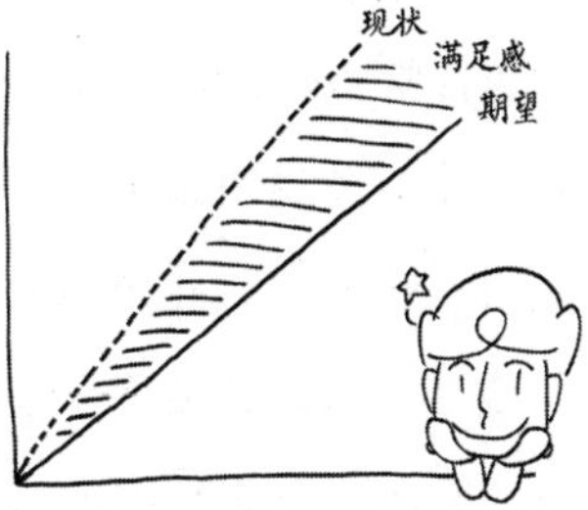

落差出现满足感

那段日子的我每天就和行尸走肉一样，跟朋友出去变得只会抱怨工作、跟家人在一起也一直被念成是草莓族，无法承受工作压力。为了改变这一切，我开始思考到底该怎么做，若是我能够把这期望线和现状线的距离拉近，那么这失落区的面积就会明显地变小，我对于现在工作的状态就会比较没那么多的失落感。照这样看来，能拉近这两条线的距离，只有两种做法，第一种做法是把期望降低，也就是把期望线降低到低于现状线的做法，说白一点就是“对工作不要有太大的期望”。这样当期望线低于现状线的时候，两者间所产生的距离和面积就不会是“失望”而是“满足”感，这满足感就是工作快乐、满足的源泉。

但对于我这个想改变世界的白羊座来说，降低期望这么不励志的做法，似乎不是我能接受的。但如果只是适当地调适期望，倒也是正视、面对现实，并且做适当适应的一个正向做法。不过，第二种做法，也是我比较提倡和接受的做法，就是在现状线之外另外再生出一个“实际线”出来。意思是，在工作现状外，我去争取了额外的工作挑战。例如，去和主管争取在现有的工作职责外，再给予更多挑战和机会，参与新任务的机会，改变日常工作的项目等，创造出现状以外的实际工作内容。当然，并不是随便接下乱七八糟的工作，而是能够让自己达成指标的一些工作。此举虽然无法给我靠近期望线的内容，但我可以透过争取，创造出一个新的实际线出来，帮助我更靠近期望线，暂时得到工作上的满足感，不会每天只被工作期望所烦恼，或甚至超越期望线创造卓越感出来。

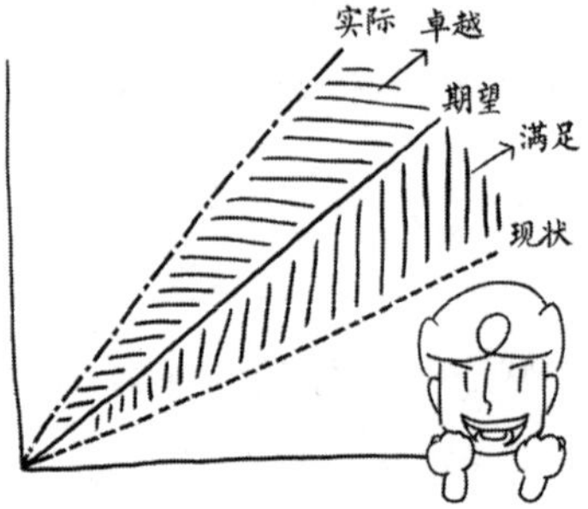

创造实际线产生卓越感

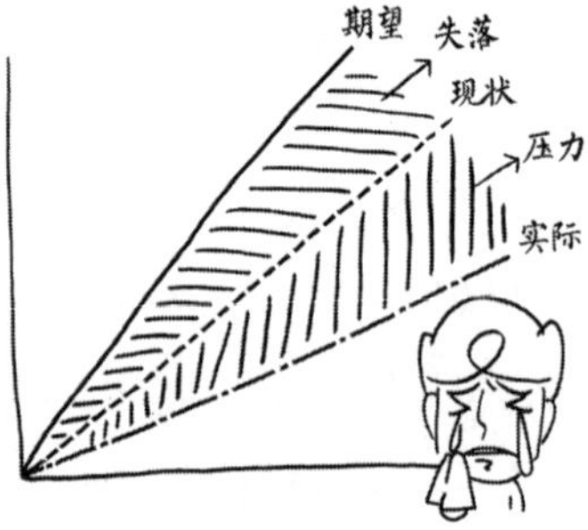

能力有限产生压力

实际线的另外一种状况，可能是你无法胜任你自己工作的现状，导致你实际线其实比你现状线还要低。这之间和期望线所产生的距离更是遥远，这也是我们有时候会看到无法胜任现有工作的人，会有压力且失落感更低迷的原因。

当你彻底了解了你自己的“期望线”“现状线”“实际线”后，你在工作上心态的调适将会更加顺利。这也是为什么有些人就能够时常保持工作上的满足感，而有一些人却一直处于失落感中。你的实际工作内容还是可以自己争取出来，没有主管会排斥给你新的挑战。至于你得到的是满足感？还是失落感？就要看个人的调适能力了。

选择你要的职业道路

“好羡慕你喔！”

“怎么换你羡慕我了？”

“你好爱你的工作，哪像我，我讨厌我的工作……”

“其实你也可以啊！我只是选了我热爱的职业而已。”

“但是我没什么热爱的东西，我只擅长我现在做的工作。”

“又没关系，你只要想清楚你到底想得到什么。”

“这真的是个难题，我想要做起来得心应手却又薪水高的工作。”

“那可以慢慢找，只要你确定你的路想怎么走，我相信迟早会找到的！”

“希望如此咯！”

在做完期望线和现状线测试之后，如果还是无法调适工作上的失望和落差的话，自我检查“在选择职业道路上是否出了点问题？”这就是个好时机。在选择职业生涯方向上，我一直都是用前面一开始提到的GPS步骤，来定位我的职业生涯方向和目标。

首先，是了解我深层的自我定位，再来锁定目标。最后，在保持热情、坚持下去。不过后来我发现，当我在设定的职业道路方向上大步迈进时，并不是说这个方向就只有单一道路可以走。当初我在选工作的时候，就面临到了这么一个难题，大方向透过 GPS 是知道了，但是往这方向的路却有好多条，要走哪一条？很怕一选就走错了路，不仅浪费了青春，更是耽误了我那想成功打天下的雄心。

一开始，我不是很清楚职业的道路到底是怎样的选法，只知道选择不就是看几个方向：是不是热爱的职业、是不是擅长的专业、是不是高薪的职业、是不是需求高的专业。原则上，最基本的选择职业道路考量点是：

如果我选我热爱的职业，我做起来才会开心。

如果我选我擅长的职业，做起事来得心应手。

如果我选薪资高的职业，钱可以赚得多一点。

如果我选需求高的职业，不怕以后没有工作。

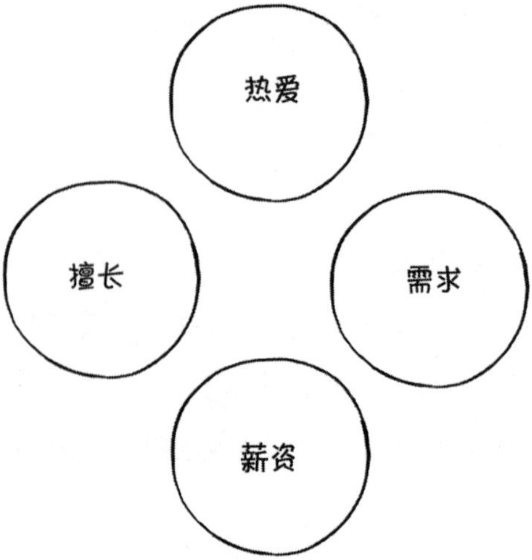

后来我慢慢发现，这些选择考量并不是唯一的选项。选择我擅长的专业，同时也可以是我热爱的职业，这时选择的考量点也更多元化，所代表的也截然不同：

如果我选择的是我热爱的，同时也是我擅长的，这工作对我来说会充满热情。

如果我选择的是我擅长的，同时也是薪资高的，这工作对我来说会是个专业。

如果我选择的是薪资高的，同时也是需求高的，这工作对我来说会是个职业。

如果我选择的是需求高的，同时也是我热爱的，这工作对我来说会充满使命。

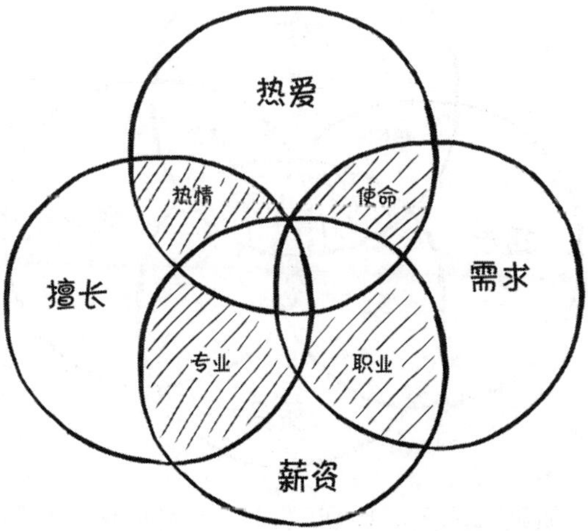

再更进一步地来看，如果能够达到三个考量点的话更是另一个境界的感受：

如果我选择的职业同时是我热爱、我擅长、薪资高的，那我会得到满足感。

如果我选择的职业同时是我擅长、薪资高、需求高的，那我会得到舒适感。

如果我选择的职业同时是薪资高、需求高、我热爱的，那我会得到满意感。

如果我选择的职业同时是需求高、我热爱、我擅长的，那我会得到成就感。

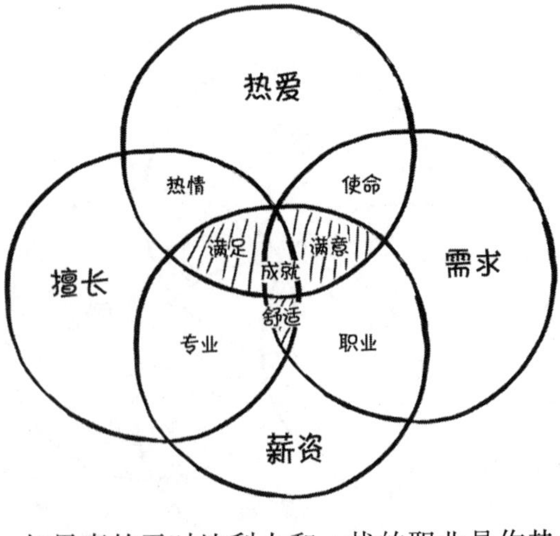

最后，如果真的天时地利人和，找的职业是你热爱、擅长、薪资高、需求高的工作，那就真的是一个大美满。能够更清楚

地了解你的选择所可能带来的方向，你也就能够更好地选择你的职业道路。你是要追求你热爱的？还是你擅长的？还是你要追求专业？或是成就感？有了这个指向你也能够更准确地大迈步往前走。

了解自己想要的，选择主动改变现状

“对工作现状不满”是上班族的通病。过去职场遵循“爬楼梯式”的理念让上一代就业人士对工作即便不满，仍有更多的包容。反正时间到了就是你的，没什么其他期望，就乖乖地等，对工作也不会有太多的失落感。然而，这个时代上班族，心里个个充满抱负，再加上时代赋予的不安于室的个性，工作上的付出若没有立即得到回报，就会立刻感到失落，一有失落感就临阵脱逃，在就业市场一直摸爬滚打、换工作，不知道要什么，始终找不到合适的工作定位。

一但对工作产生失落，不妨先自我调适，或透过主动争取来改变现状。工作方法上尝试做一些不同的改变，或重新找到目标和挑战，等到非换不可时再考量“是不是有其他更适合的机会?”同时敞开探究、询问一下自己内心“是否选对了想走的职业道路?”记住，在做你所期望的工作之余，得到额外的满足和享受，才能让你的职业生涯走得更有热情。

囧 3　我有能力，为什么不让我当主管？谈“能见度和管理能力”

每天工作 14 个小时，整整一个月没有休假，连周末都要无怨无悔加班陪客户。业绩不好由我担，业绩长红却是老板分红，升职、奖金永远都没我份，老板都换了三轮，我还只是个基层 SALES，为什么升阶主管都不是我？

“听说 Michael 升职了。”

“什么啦，凭什么是他？”

“他可是老板面前的大红人呢！”

“可是我做的事情不知道比他多了多少，为什么不是我？”

“你啊……就是默默地在做事情，谁知道你做了些什么。”

“我这么没有存在感吗？”

“老板知道你叫什么名字吗？”

“不清楚。”

“那就对啦，人家 Michael 跟老板称兄道弟的呢！”

“唉……”

工作了一阵子，做事情也越来越上手，日常事务都可以很迅速完美地完成，能力也开始慢慢受肯定，越来越多的职责都落在我的身上，而且我也积极地向主管争取担当公司的一些重要任务，整个人感觉在公司里开始有举足轻重的地位，大小事情都会要我的参与和意见。

事业蒸蒸日上之际，每天加班熬夜也就咬个牙撑过去算了。有一天，手上的任务很顺利地完成，而且得到很好的成绩，公司还特地举办庆功宴来庆祝，终于努力没有白费，所有的苦与泪真的值得了！在庆功宴上，大老板特地对公司所有的人说："这个成功，是整个团队一起努力出来的结果，他们的辛苦造就了这个亮眼的成绩。"我听得感动得泛红了眼，眼泪差点就飙出来了。大老板接着说："但在这个团队的背后，特别有一位同事，不！他不只是我们的同事，他是我们的朋友、我们的家人，在最混乱的时候稳定军心，在碰到困难的时候带领团队走出困境。他！让这项任务如期地达到目标，没有他的付出我们也不会有这样的成就……"话讲到这边，我的情绪高涨，现场也HIGH到一个高潮，大老板继续说到："这成功全部要归功于我们的MICHAEL！"啥？我没听错吧！

全场爆出热烈的欢呼掌声，而我却黯然地消失在旁边的角落，泪全往心里流。过了几天，MICHAEL升职的公文出来了，外传还发了绩效奖金。每天陪秘书吃饭和客户打球的MICHAEL升迁了，而真正在做事情的我却还是天天加班，做得哭天抢地的，就是没给大老板看到。

后来，我才发现到“能见度”是多么重要的一件事情。

增加你的能见度

“最近又听到老板提到你的名字。”

“是吗？说些什么？”

“不清楚，但好像是有个重要的任务要交给你。”

“喔！有可能喔。”

“最近怎么大家都在讲你的名字。”

“因为很多事情要我做吧！”

“但你不觉得很烦吗？”

“不会啊！这样机会反而更多。”

“也是，现在老板们都认识你这号人物了。”

“所以不全是坏事吧！”

当我慢慢理解做事能力以外，能见度也固然重要之后，开始努力在这方面下功夫。只要有机会，就会努力让自己在老板们的面前“出现”。刚开始一直很不习惯做这个动作，可能是我真的没办法放下身段去做这些交际，也有可能是因为脸皮太薄，很怕碰到别人的冷眼相待。但后来想说算了，因为不想做个没人知道的人。结果我发现，交际一下也没那么糟糕，老板们没有人冷眼相待，反而都挺 NICE 的。经过几次接触后，我的能见度开始提升，好事情竟也开始发生了。

“增加”能见度后，别人会开始找我，因为他们听说过我是谁，也知道我的能力。我的名字也经常让别人提起，不论是对外或是对内，我甚至还开始会接到陌生人打电话来找我谈工作的事情，也开始得到他人帮我背书。每当有人问起我，别人开始得到“我认识他，他人很好”，而不像以前能见度低时的“谁？我没听说过他！”难道，有什么人背书会比第三方的人说我不错来得更有利？

在职涯路上，你很容易因日常琐事而忙到被冲昏了头，甚至成为隐形人。老板不升你，别的公司也不挖你，全因不知道你这个人是谁，并非你的能力问题。能够越早在你的职业生涯里增加能见度，让公司高层知道你的存在，把你的绩效让大家都看到，你的付出才能越早得到回报。增加能见度不是把上衣扣子多解开两颗，也不是把领子立起来要帅，更不是你在办公室里认识多少人，而是有多少人认识你，多少人了解你的绩效和能力。

保持能见度的4个步骤

别让害羞、低调成为你成功的绊脚石，快站出来，大胆地让全世界的人都知道你做了些什么。

1. **打招呼**

打招呼是保持能见度最简单又直接的方法。我们每个人从一出生第一个学的对话应该就是打招呼了吧！每个人都会，但我始终不懂为什么没有很多人在做。记得我刚毕业开始上班时，有一天在座位上看到总经理走了过来，我立刻站了起来并走向他跟他打了招呼。总经理问我是否知道他是谁，我说当然，并且介绍了一下说自己才刚加入公司，得到了声“加油！要我好好地做”之后，每次总经理经过我的座位都会跟我挥手打招呼，旁边同事都以为我和老总很熟。

2. **积少成多**

很多时候主管会有许多琐碎的事情需要找人来做，不明智的员工会把这些事情看作是主管不想做的“鸟事”所以丢往下属身上，随便做做了事，但聪明的员工则会把这些琐事看成是机会，很愿意地接下主管所分配的事情，同时做得细心周全，充分得到信任。主管下放更多事情并对你的依赖性越来越高，你自然而然就会成为下个接手主管职位的最佳候选人。

3. **争取挑战**

你可以每天安逸地做你分内的工作，或者也可以站出来，从高层主管和公司手中争取具有挑战性的任务。绝大部分的人都会选择回避挑战，如果你能用行动和责任让大家看到你的积极，愿意多走那一里路，你就更容易脱颖而出。

4. **表扬他人**

当你的努力得到了成果，一定要大胆地站出来让大家知道，但不是自吹自捧，而是表扬你的团队、你团队的人，甚至是别的团队但有帮助到你的人。在你表扬他人的同时，其实你也是在宣传你的成果，但是你的谦虚和不吹嘘的行为更能让他人接受，相对的其他人也会更加表扬你的表现。回归到之前讲的，第三人的背书，会比老王卖瓜来得有说服力多了。

你具备什么管理能力？

“我觉得我准备好了！”

“准备好什么？”

“准备好当个主管啊！”

“你老板说的？”

“我自己说的。”

“你为什么这样认为？”

“我在这公司那么久了，总该升我了吧？”

“那你具备什么主管能力可以说服你老板升你职？”

“啊……我刻苦耐劳又不抱怨！”

“那你老板去买头驴回来不就好了。”

“……”

主管人人想当，但不是每个人都知道当主管所需要承担的压力和需要的技能。工作一阵子后，老板对我日常的工作态度和效率非常满意，于是给我了一个当主管的机会。

第一次当上主管当然不会想让任何人失望，我还是秉着要把效率做出来。当时团队里还有几个刚入社会的员工但是经验不足，所以我很少把重要事情发布下去给他们做，反倒是心里觉得“自己做反而快，他们做错我还要改多麻烦！”就这样子，事情越来越多，我就越做越多，还是抱着“给你做不如我来做”的想法一个人包办所有事情。但毕竟一天就只有 24 小时，一个人只有两只手，慢慢的我的工作效率变差，错误竟也越来越多，有一天还被老板叫进办公室，说对我开始有一些担忧，怕我的不顺遂会导致失落感太大，对未来发展不好，同时还把他自己当主管的经验跟我说了一遍。

老实说，以前还想说“当主管有什么了不起！”但真正坐上这个位置才发现主管并不是那么好当。老板过去的经验启发了我一些想法，也明确指引了我方法。虽然艰辛、痛苦，却也从中受到启发，其实有些主管技能可以很早就当技能先开发起来。这样在有机会升迁成为主管时，路就不会走得太累。

跃升主管必要的技能

管理职和非管理职最大的不同就在于这两者之间的着力点。非管理职需要你有强大的执行能力，以及领域里的专业能力，重点就是“做事越快越好”就可以了。相对的，管理职需要的是有强大的解决问题和组织资源的能力，这当然不是说执行不重要，执行和专业能力是个必须的基础，但能够从非管理职进阶，升级到管理职，更重要的是你能够提供“解决方案的能力”。虽然很多人说主管不是每个人都能胜任，但是抓住几个技巧，提早开发这些能力，你也有机会担任管理职。

1. 稳定产出

稳定的执行能力是任何工作职责必然的要求，当你升阶为主管时，你稳定执行能力的需求更是加倍的重要。因为你的职责明显增加，你所经手的工作更为重要，若是没有执行到位，所产生的后果也会加倍严重。因此当你晋升为主管的时候，能够稳定产出比能够快速产出来得更重要。

2. 启发他人

好主管不是因为自己多能做，而是他能够让团队里的人多能做。不管主管有多厉害也只是一个人，但如果你可以培养和启发一整个团队的人才，那这对公司未来的发展可说是最有贡献的做法，而且一个强大的团队，能让你更轻而易举征服任何挑战。

3. 解决问题

作为一位非管理职的职员，你只需要专心把工作执行好就可以，没有人会期望你有解决问题的能力。主管就是为了要在问题出现的时候，提供这些执行者解决方案，你要有分析能力可以剖析复杂的问题，传达出应对方针。尤其在全球化的时代，太多变数，什么问题都有可能出现，因此市场上对于主管的解决问题的要求也越来越高。

4. 跨部门合作

当主管位置越坐越高，你会越有机会需要跟其他同事或部门合作。虽然不是刻意的，但是跨部门沟通往往就是一门学问，双方并不是针对人的对立，而是部门间可能在职责上有着不同的目标。比如销售需要预算应酬，可是财务想控管预算，或是团队想要征人，但是人资不肯出预算等。能有促进跨部门合作的沟通能力，也是主管很重要的一项技能。

确保你的存在感

职场上遇到麻烦事、不顺遂，多数人会习惯性地抱怨，把矛头转出去然后怪罪他人，反正可以是你错、他错，但就不能是我的错。当然，如果我尽心竭力地努力贡献在工作上面，结果升迁的不是我却是他人，而他偏偏又是我不服气的人，要是我也一定会失去理智。就业市场本身就是个竞争激烈的市场，更何况不像非管理职的职位，管理职位的缺本身就比较少，一家中型企业真正属管理职的职位也就只有十来个，竞争自然相当激烈。

想晋升，最重要的是你要确保你这个人的“存在感”，不要让老板们都不认识你，即便你再怎么优秀，缺乏存在感、没能见度也不会被发觉。然后确保自己的能力十足到位，这样才可以随时准备接受下个阶段的挑战。

囧 4 我有能力，为什么我不能职场转型？谈“全球化与可扩展技能”

上班、下班，同事之间其乐融融，工作上了轨道过着安逸的生活，眼看好像可以为工作奉献终身，但在这和谐的表面下，好像开始酝酿着种种挑战……工作遇到瓶颈，没有太大的突破，行业萎缩出现裁员的可能性，甚至市场已在全球化发展，但我却不能够“职场转型”。

“听说了没，老陶也收到信封袋了。”

“什么，连老陶也被裁啊？”

“是啊，真的是没想到……”

“唉，好在老陶经验丰富，工作比较好找。”

“这才是问题点，以老陶的年资，他的职位才不好找呢。”

“我还以为像他这么专业的才比较好找？”

“老陶除了这行以外，很难跳别的行业，但现在这行景气这么低迷，裁员都来不及，哪来机会？”

“那，我怎么办……”

“尽早做未来的规划吧……”

老板和我说：“你看看吧！公司都在精简”就这样开除了一

位员工。老板又和我说："你看看吧！有指标的"一年后又开除了一半的团队。

刚进这家公司的时候整个行业属于一片长红的状态，公司品牌在业内排名世界第一，是个百亿市值的公司，更与Google、Apple、Microsoft并列全球最创新公司之一。公司总部看起来就像进入科幻电影中的高科技大楼，每天上班也觉得像在云端漫步，日子真的非常好过。但好景不常，再大的巨人也有倒下来的一天，环境变换得太迅速，在我加入后的一年半里，没人料到团队里一半的人都走了，别的部门也没有幸免。一同上班的同事一一离开，有资深、有资浅、有内勤、有销售人员，没有规律的裁员动作，让人忧愁许多。

很多人觉得进入大公司就是得到铁饭碗的保证，但在这时代已经没有所谓的铁饭碗，连晋升到管理阶层的我，即便工作还算是稳定，但是看到大规模裁员的状况心里多少还是会有点不安。心想，万一是我碰到，到底要怎么做准备，到底要有哪些条件，才能确保在职业道路上顺利的度过难关？如果连我也被裁员，还会有机会、有能力重新站稳脚步，浴火重生吗？

出走吧！拥有全球化视野

"阿凯被外派了！"

"是喔，派去哪？"

“新加坡，好像不错耶。”

“真好，应该还会加薪吧？”

“听说是翻倍。”

“什么？有那么好的事，为什么不派我？”

“人家阿凯会英文、会管理、有财务背景、懂技术、刻苦耐劳……”

“好啦好啦，别说了，怪我以前不争气，学得没他多。”

“你现在可以开始争气一点啊！”

“……”

就目前的世界经济体，企业已不再像以前那样自产自销，只针对内需市场在做生意，全球化不只改变了我们的生活习性，更是改变了整个商业模式。当公司纷纷往外需市场去找机会，相同地，这些公司也需要适合的人才来应付公司往外发展的策略，也间接地改变了整个就业市场生态。

当时我所在的公司也决定将业务拓展到新兴市场，并开始面试了许多人，想要找一个能够胜任此职务的负责人。面试过程中我渐渐发现，虽然每个人的素质都不错，工作经验和做事能力也让人有信心，但是和公司所要的人还是有一些差距，似乎少了那么点全球化的视野，不是国际化的人才。

当然，要变身成为一位国际化人才并不是一天两天的事，但是可以透过“接受外派任务”来快速地开拓全球化的视野，这是成为国际化人才的捷径。

通常，企业会选择外派员工的主要原因有三点：第一，作为跨国公司的总部，需要对海外分公司执行有效的掌控，在很多的关键职位上，都会采用集团总部外派的员工去承担，以保证分公司跟总部之间的运作一致性；第二，在海外业务拓展初期，很难立即找到合适的在地化员工，加上对市场的不熟悉，外派员工充分了解企业文化且素质一致，就是选项之一；第三，作为总公司培养的未来储备管理接班人才。

了解了外派人员对于企业的重要性后，若想成为一位外派人员需要有哪些特质？通常，谈到外派人员，可以分成四大领域：销售业务、经理职、职能部门主管以及总部负责人。不同类型的人才所具备的特质也不太一样，下表可以查看你的专业领域在哪里，再针对性地去加强某项技能。

国际人才所需特质

销售业务	任务是在海外市场上开疆辟土，因此需要对海外市场有敏锐的洞察力，同时要具备创业精神，以积极的姿态开辟新市场，拓展业务
经理职	作为一位经理，必须具备宏观力，对研发、市场、售后服务、财务、人员管理都有清晰的了解，综合管理能力是强项
职能部门主管	通常指法务、财务、人力资源等人员，是所在领域的专家，因此需要有开放的学习心态，学习当地市场政策和习俗的变化，支撑海外拓展
总部负责人	需要有突出的领导力、宏观力和全球化视野

虽然外派人员在每个领域所需的技能不太一样，但这些外派人员都有个共同点，就是每个人都具备了某种程度上的全球化视野，这也是为什么这些人跨市场、跨文化后，还能持续表现出色并且得到公司信赖的原因。你可以用以下的全球化评估工具来了解你的全球化程度。

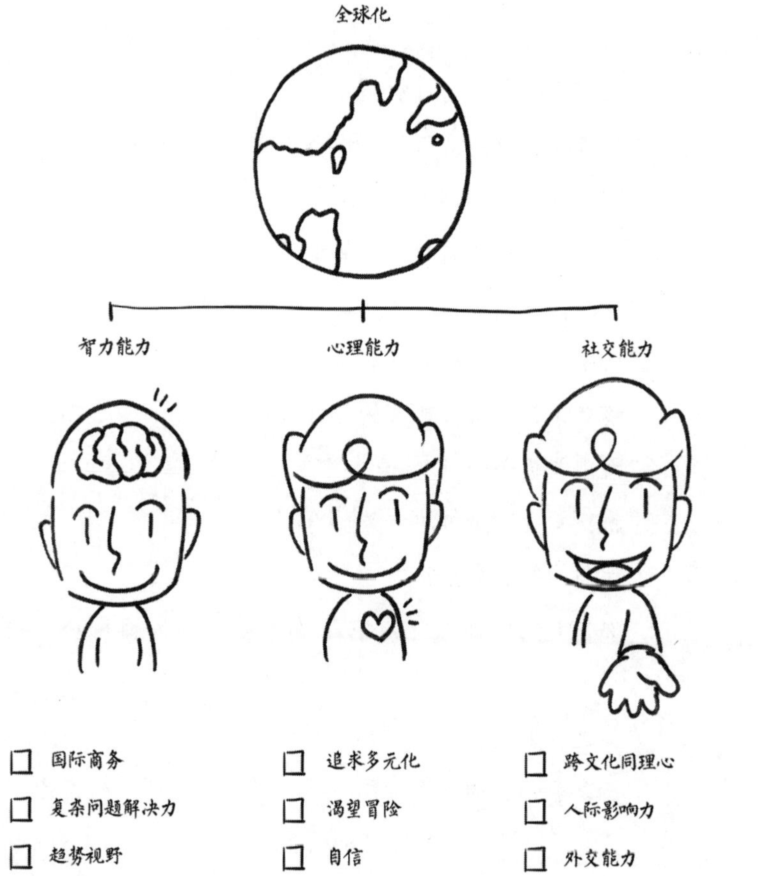

全球化视野是这年代优秀的专业人士必备的能力，有了全球化视野，等于打开了一扇窗，不仅只是在内需市场找工作，你还能踏出去把自己放在全球的就业舞台上，寻找更多的工作机会。

可转移、扩展的技能

“我打算去太阳能行业！”

“从科技行业到太阳能，你会不会跳得太大？”

“不会啊，都是卖东西，没差别的。”

“你真的行？把它想得太简单了吧？”

“我问你，我现在卖的云端维安系统是在卖什么？”

“网路安全的解决方案。”

“答对了，那太阳能卖的是什么？”

“太阳能板……？”

“错！卖的也是解决方案。”

“太阳能解决方案？”

“你安装太阳能板，靠它帮你产生电，因而解决电力问题。”

“你这样说是没错。”

“所以啦，卖的东西性质一样，只是产品不一样而已。”

当初，我曾加入一家太阳能源公司，负责亚太、中东和非洲区的市场部业务。简单地说，就是除了美洲和欧洲以外的148个国家都归我管，地区跨过几大洲，是个相当惊人的业务规模。虽然很累，但当时却做得如鱼得水，品牌规划、广告制作、通路行销、公共关系、展览会等，完全就是我想要的工作，没有一个难得倒我。记得那时候经常被邀请到世界各地做一些演讲，推广太阳能产业和公司的业务，可能当时在做演讲时的效果还不错，所以慢慢开始获邀参加许多公司比较重要的销售会议。老板开始发现我的演讲能力还不错，又有条理性，加上我也不是做业务起家，说话不会油腔滑调，感觉很真诚又具说服力，有一种不同的气质和形象。接下来，老板要我参加越来越多的销售业务和专案等活动，刚好这时候公司在规划一个新的商务开发部门，负责专案开发，正愁要找谁来负责这新的部门，于是我就接下了这个新的商务开发部门的要职。

当你受够了你目前的工作，或是受够了你目前的职业生涯，内心里想要改变，但却又怕自己日积月累的宝贵工作经验和专业技能会这样白白放弃掉，一切可能得从零开始，打掉重练。其实别忘了，你还是有可转移、扩展的技能，并不是所有技能都无法在新的职能上使用。

可转移、扩展的技能不像其他专业技能会被限制在一个职能框框里，可转移的技能可以自由地在不同职位上发挥，尤其是沟通能力、规划能力、分析能力等。就和我演讲的能力一样，我虽然负责行销部门，但演讲能力可以转移、扩展和运用到商务开发或其他领域上的技能。你可以透过工作来学习、开发可转移的技能，但在你开始选择开发一个特定的可扩展的技能时，应先了解这技能的本质到底是什么，以及它是否是你有兴趣并能够驾驭的技能，这样子学习起来才容易。

以下是十个在职场上最易被认同并广泛接受的可转移技能类别：

1. 沟通技巧　　2. 团队合作能力
3. 时间管理技巧　　4. 预算管控能力
5. 组织技能　　6. 电脑科技技能
7. 专案管理能力　　8. 行销技能
9. 创意技巧　　10. 领道能力

快速适应任何挑战

“突如其来的改变”是在职涯的规划中最怕碰到的一件事情，它有可能是自发性的改变，也有可能是被动性的改变。无论如何，改变或许不是很理想，会把你原本规划好的往目标拉离了既有方向，但在这个年代，事情变化来得又快又大，明天会发生什么事都很难保证，唯有把自己准备好，开拓你的全球化视野，走出单一的就业市场，让自己成为国际人才，在深耕专业的同时，还要开发、拥有更多的可转移加扩展的技能，你就不怕会被局限在一个单一的领域上，而是成为最强的职场生存体。

囧5 我有能力，为什么不能边上班边创业？谈“趋势和创业思维”

工作了一段时间，身怀职场绝技、已经是职场达人，可是看着周围亲朋好友追梦创业成功，自己却还卡在攀爬职业阶梯的阶段，只因担心自立门户的风险。究竟该不该创业？该创什么业？没有办法可以在上班的同时尝试看看有没有机会可以放心地创业、筑梦，突破上班创业的瓶颈，开创新的人生领域？

“我有一个想法。”

“什么想法？”

“你知道现在最红的趋势是什么？”

“不知道，垂直电商吗？”

“错！是匿名社交。”

“那不是很多人已经在做的APP了？”

“是的，但我要把匿名社交和虚拟电商结合起来！”

“虚拟购物交友？”

“没错！虚拟购物交友！”

“喔……好前卫啊！”

“你不投资我，你会看走眼的！”

自从有过几次创业的经验后，我陆陆续续认识了许多金融业、投资业，以及很多创业的人士。有了这些人脉资源后，我开始慢慢自我转型，不再追求着自己独立创业，反倒是转变成了做融资方面的顾问。只要有创业团队需要融资协助，或是投资方需要好的创业项目推荐，就会找上我现有的团队一并提供的服务，例如：商业模式的辅导，品牌、产品的设计以及资金投资的引进。

我几乎每天都会看到无数个商业计划书，但是会再进一步交谈了解的可能不到全部的十分之一。在如此低的接受度下，很多人会问我说："你是用什么标准来决定一个创业项目是否可做进一步接触"，其实衡量一个创业项目的成功与否有很多的考量，但是在最初期的阶段里并不需要如此仔细地衡量，所以我习惯是以一个宏观的角度来评判这个创业项目的成功几率，也就是这个项目是否踩在趋势上，且有一定的优势。

我从小就开始会在上课之余在外打工，主要是以学习技能为主要目标。在大学时期为了买欧洲名牌的奢侈品，因缘巧合做了有生以来的第一笔生意，那时候的 ebay 刚上线，并且颠覆了整个原本几乎不存在的电商环境，于是我随着这一股崛起的风潮赚到人生的第一小桶金。之后的屡次创业经验也都幸运地搭在趋势上，因此一路走来都还算挺顺遂。

从中最大的体会就是"学习到大格局、大趋势的重要性"。不管做什么都尽量去做一些趋势性的事情，凭着市场整体向上，只要做得不要太差，都还是有很多机会成功。就如小米科技雷军所说："站在风口，猪也能飞起来！"某些行业，你再怎么努力去做，处于劣势的先天条件注定了你的创业项目很难会有好的结果，尽管你再怎么厉害、有能力，也很难对抗市场的潮流。这就是趋势的力量。

但趋势到底是什么？趋势是个非常难定义和捉摸的东西，但可以了解的是，趋势要在将起未起的时候才有意义。太早搭上趋势其实毫无意义可言，你看到的东西无法实现也无法广泛地被接受。看得太远，等于在做先知，但也有可能成为先烈。

打个比方，早在中世纪就有一位科学家叫布鲁诺，他意识到地球不再是宇宙中心的理论（趋势），然而为了推广维护这个理论，便成为反教廷的人，结果活活被火烧死在罗马鲜花广场上。这也是为什么很多聪明的人赚不到钱的原因。

趋势看得太早，结果死在了当下，等到潮流的风口终于来的时候早已先阵亡了。同样地，如果发现得太晚，趋势其实也会变得没什么意义。受大众所广泛接受的趋势早已沦落为常识，到你手中也已经没有机会和优势，只能回归到和大家一起竞争赚辛苦钱。这也是为什么预判和拿捏趋势很重要，因为只有在趋势尚未变成常识之时，而你却在对的时间发现，也执行了，那你才有先发性优势。

年轻就要微创业

"最近周围好多人都跑出来创业。"

“对啊！我周围也是耶，现在是什么状况，大家都那么有钱喔？”

“为什么一定要有钱才能出来创业？”

“难道开店不需要钱吗？投资不需要钱吗？”

“你不知道现在创业几乎不用什么成本？”

“不用成本？为什么？”

“你没听过微创业吗？现在最吃香了！”

“没听过，那是什么？听起来很好吃……”

“微型创业不是吃的，你不是有很多想法吗？考虑一下，你有机会追逐你的梦了！”

“追逐我的梦？”

现在的社会有个独特的现象，就是年轻人喜爱追求有创意、有价值的内容，不再追求大品牌，更重视的是追求自我随性、特色，建造自己的价值，这就像新的一波小文艺复兴。这一波的小复兴让大家开始重视工作与生活的平衡，倾向做可以跟兴趣匹配的职涯规划。

在这氛围下，大家陆续放弃原属的职位，纷纷出走追求自己的梦想，并且投入小规模的创业。近年来许多特色餐馆、咖啡馆、手游、APP 等，就是在这样的情况下创造出来。用微小的成本在细微的领域进行创业，这就是现今风靡全球的“微创业”。以低成本为核心，一个人在家里就可以成就梦想。

在这个人人皆可“微创业”的时代，每天都有无数个新成立的创业项目、公司，这也是一个迷恋速度和规模的时代，很多人成为“微创业”的老板后都会开始想：我要效率、我要扩张、我要上市等。但在追求这些速度与成长的背后，却有无数的创业项目、公司关闭或申请破产。有绝大部分出来创业的人都不会一开始就具备经营生意的能力，因经验不足、理念不清、急功近利而盲目跟风、决策随意，在创业经营者追求规模化的同时，这些小小的挫折也足够可以成为“微创业”的致命伤，因此在决定走微创前有三件事情必须要做：

1. 观察

多观察周围的人、事、物，生活是丰富又多元化的，不是以个人为中心，观察到生活中的细节、点滴，才有开拓机会的视野。

2. 洞悉

利用生活中观察到的事情，分析和推论、道出个人的观点，开发洞悉能力，进而影响到思考逻辑和看待事情的全面性。

3. 请益

透过上一辈的成功和试错经验，请教长辈的珍贵意见，可以让你的微创过程中躲开壁垒，少承担一些未知风险。

最后该注意的一点就是，“微创业”和普通创业除了资源投入和领域细分的不同之外，最大的区别是“微创业”看似微小，但它彰显了人生梦想与现实能力的结合，致力于实现那小小梦想，所以它少了创业时的“急迫”感。你可以照着自己的步调走着自己的步伐，不是每个人都能创造百年基业，但每个人都能创造一个有自己独特性的“微创业”。

该不该加入创业项目

“我以前的老板单飞出去创业了！他问我要不要加入他团队耶！”

“很不错啊，前老板很认可你嘛，他的创业是做什么的？”

“好像做 O2O 的。”

“什么的 O2O？电商？实体通路？”

“这我不清楚……”

“那他的团队现在都有什么样的人？”

“这……我没问。”

“那你去要负责什么？”

“他说做什么都行，人先赶紧到，反正都是自己人了。”

“这么不确定就一头栽下去啊……”

自从踏入创业这个圈子之后，我陆陆续续认识了许多其他创业人士，有些是创业老手、有些是创业菜鸟，但创业人士都有一个共同点，就是喜欢交流、互相分享资源和经验。当然，同时看看是否有其他志同道合的人可以一起携手共创一番事业。

很多人认为创业最大的困难就是没有资金，但事实也并非完全如此，找到合适的创业伙伴一起创业，才是创业时期最困难的事情，你有了强而大的团队能够让你的项目成功几率提高，赚取更多的资金。若光坐拥资金却没有好的团队支撑，总有一天也会把资金用尽，所以建立一个强大的团队对于每个创业经营者来说，都是必经的过程。你是否也曾经获邀加入一个新的创业团队？

当你思考是否加入一家公司，就职的时候该考虑的是哪些问题？职务是什么？薪资给多少？需不需要加班？离家近吗？有没有很大的发展空间？若你是以一名员工的身分来考虑是否加入一个创业团队，所思考的问题其实也和上面说的差不多，但唯一可能要多考虑的是“创业项目的成长速度如何？”因为加入一个创业项目最大的吸引力就是快速成长，若是一个发展得像国营单位的龟速项目，估计你也不会愿意承担风险去参与，就如脸书的营运长雪柔· 桑柏格（Sheryl Sandberg）所说“find a rocket ship!”，加入一个创业项目就找一个像火箭般快速成长的项目！

但若你是以合伙人或管理级别的身份加入一个创业项目，那考虑的事情可就多了。因为你或多或少可能会握有这个项目的部分股份或是期权，你同时也可能会有其他机会可以选择，再加上你的机会时间成本会比较高，所以怎么选择是否加入创业项目就会非常重要。这里分享三个思考问题能够让你更清楚地知道你是否该加入创业团队。

思考观点一：这事情能做大吗？

你应该听过很多人说，创业一定要做市场大的项目。一个创业项目失败，很多时候并不是因为项目创意不够好，或是团队不优秀，也不是不够努力，只是这个项目的市场太小，怎么做都不可能做大。所以如果你是第一次创业，做一个规模小一点的项目来学习经验也是一个可以考虑的选择，但是也就不用预期有多大的爆发性的成长。

当你是以一个合伙人或是管理阶层级别的身份加入一个创业团队的时候，想必你应该已经工作了一些年数，在专业领域上有了一些成绩，这时候你的时间机会成本是非常高的。所以，一个厉害的人去做一件小事，还不如和几个厉害的人一起做成一件大事。之前也提到现在的社会人人都在“微创业”，原本几个很厉害的人可以一起做成一间几十亿美元的公司，结果以他们自己都跑去创了自己的公司，最后全部关门收场。

思考观点二：你的创业伙伴是谁？

好的创意（点子）不重要，重要是这个创意是谁来做。

前几年我加入了一个创业项目，那时候和几个创始人聊了两三次，就热血地加入这个团队。可是一个月后我就发现自己和他们的经历、背景、思考方式、做事方式都差异太大，没有磨合得非常好，就离开了团队。要找到一个合适的创业团队加入真的急不了，找一个好的合伙人的难度，一定不比找一个好老婆简单多少。

现在让我加入一个创业团队，我都会给自己很充余的时间来好好摸透整个团队每个人的做事习惯、对各种事情的看法，甚至他们的另一半都要拉出来聊一聊。从一个人的家庭或伴侣上，你也可以看出一个人的一些端倪。另外一点要设想的是，创业失败率是非常高的，所以最好是和连续创业经营者一起创业，他们从过去的失败、成功的过程中早已获得了一些宝贵的经验。如果团队里的人都是第一次创业，那么你要设想的是，如果这一次失败的话，你是否还愿意和这些人再做另一个项目，很多时候同一个团队会经历过几个失败的项目后，才会找到一个成功的方向。

要记得，和可靠的人一起做事，不管怎么做都不会太不可靠。

思考观点三：公司的股权架构

报章杂志上经常可以看得到很多创业项目动不动就是融个几千万美元，估值几亿美元的，其实很多公司公布的估值和融资数字，大概都要打个一到三折才是真实的。不管怎么样，估值这东西是个很虚的东西，很多曾经估值很高的公司到最后都没有上市、没有被收购，然后就这样消失了。所以当一个创业团队和你说现在他们项目估值多少的时候，你随便听听就好。

唯一比估值的数字更重要的是，这个项目的股权架构是怎样的？在初期加入一个创业项目的时候最好要找个股权架构清晰、单纯的，另外公司的合伙人最好也拥有绝对控股权，才能自由地左右项目的发展方向。有的创业项目的绝对控股权都是天使投资人的，还有些创业项目有十几个合伙人当股东，项目发展得越大，股权架构带来的问题与复杂性会越来越明显。

同时也不能从一个公司是否有很多的天使或VC投资，来决定是否加入它。有的项目在还没有做出一个成形的产品之时，就能靠人脉和关系拿到一堆的投资，这也可以算是团队能力。但是太早拿到投资也还是具有很多的不确定因素，资金的进入代表股权的稀释、主道权的丧失，会被这些天使、VC们主导项目方向，这些人投资投的永远是概率和趋势，不会想太多经营上的一些问题。反正他们投的也不是自己的钱，是基金的钱。但作为一个合伙人，你加入一个创业项目投入的可是时间，时间比钱珍贵许多。

思考观点四：我能拿到多少股份、期权？

最终加入一个创业项目，看的还是发展性，也就是加入后所得的股权或期权能够有多少的价值，是否足以让你有动力全心投入创业项目里。

每个创业项目的阶段不一样，因此股权架构也都不同，最后一个项目能有多大的成长也有许多不确定因素，所以分配股权或期权的数字会非常不一样，很难在项目和项目之间做个比较。有些项目可能会给你一个低期权，例如1%，但是这公司能够做到十亿美元，另一个项目可能会给你10%，但只能做到一亿台币，更何况一个十亿美元的项目一定比一亿台币的项目来得难度高，所以你最后有可能还一点都拿不到。换句话说，这些数字也都是比较虚的，到底估值能够实现多少没有人知道，但你可以多和不同的项目聊聊，自己衡量哪个项目成功的几率比较高，给的股份、期权还不错。

最后，不管怎样考量，加入任何一个创业项目都有它的风险性存在，赌的就是个趋势、方向、团队、合伙人，只是在赌的过程中如何做正确的选择，这往往比你个人能力是否能把这个项目做起来还重要。

兼职创业要低调且用心

兼职创业一方面能够增加收入，另一方面也能把自己在工作中学到的好理论、好观念运用于实践自己的兴趣和梦想上。不过，也有一部分人对创业的理解有很大的误解，很多人以为创业需要庞大的启动资金，但如先前谈到“微创业”的趋势，也证实了事实并非如此。这和我做的第一笔生意也是一样的道理，当时我也没有所谓的启动资金，我只是靠着周边资源认识到国外的通路商，并且运用当时在学校里学到的商业和设计技巧，联合了起来才赚到我的第一桶金。

对于朝九晚五的上班族来说，除了守着一份固定薪资以外，许多人都想着去兼职创业，以实现对更大的价值与梦想的追求。但是创业本身就难，兼职创业更难，由于兼职的性质，对主要的职业也不能忽略，吃着碗里却看着锅里，这是任何雇主都不能容忍的行为。所以想兼职创业要有清醒的认知，创业既不可高调又不可轻视。

创业是否成功在还没有很明确之时，利用兼职创业的方式，全职的心态去辛苦努力几个月，等创业项目开始经历快速成长时，你也可以再尝试以全职来打拼属于你自己的事业。不过在决定放弃主要职业之前，你一定要理性考虑，可以多参考别人的意见，看看你兼职的项目和你目前经营的良好的职业该如何取舍，怎样规划你的职涯，要用长远的远光看待。

最后兼职创业需要注意以下几个事项，请牢记在心，它们能够对你兼职创业有很大的帮助：

1. 要像准备全职创业那样尽心尽力地筹备兼职创业。

2. 选择对于时间要求比较宽松，并可以白天晚上都可以完成的行业入手。

3. 千万别把兼职创业看成是业余嗜好，必须舍得投入时间和睡眠。

4. 白天正常上班的时候不要分心于创业事情，专心把工作做完，才能安心创业并且对工作给你的薪资负应当的责任。

5. 当工作和兼职创业压得你喘不过气来，而且好像看不到前途的时候不要气馁！因为成功故事的背后都有这样的黑暗与彷徨，就如马云所说：“今天很残酷，明天更残酷，但后天很美好。”

后记

走对你的路，坚持下去

“CONNECT THE DOTS！”

“connect the dots？”

是的！connect the dots……

我的职涯规划理念就是 connect the dots。

场景又回到联合国会议的会场，我还在和摩洛哥参访员聊着人生的职涯规划，更进一步地和他们解释着 connect the dots 连连看。其实，简单的说就是在一堆不同的点中做选择、连接，目的是画出你想要的图画。

连连看（CONNECT THE DOTS）和我们的人生有着相同之处，我们的一生就是在一堆点点（选择）中做抉择，所以要画出你自己想要走的职涯也一样。选择、决定、再选择、再决定，没有对或错，因为一切都是自己的选择。只要你很清楚自己的最终目标，想要画出什么图案，跟着本书第二章所提出的 GPS 三步骤，启动、定位、坚持，你的职涯要走出哪种精彩，朝着清晰的目标前往，并做适当的检视，你就有机会 BUILD 你所想要的职涯蓝图。

可是，我们往往在碰到各种挫折和窘境的时候却选择了退缩，无法坚持着追求我们的目标。我们选择了放弃，选择了安逸。每当我们看着那些白领上班族，在外商公司上班，出入豪华办公大楼，还说着一口流利外语，有着超出行情好几倍的高薪资，我们就好向往。或是，看着自己做生意的老板和创业者，挥洒自己的创意，把握市场商机和脉搏，全世界出差四处走，向每个人挥洒对自己生意的热情，就觉得他们好自由、好风光。

我们习惯性地羡慕别人的种种优资状态，却不曾想到这些让我们羡慕、嫉妒的状态背后，其实并没有表面上看到的那么简单、那么高尚。当一个外商白领员工坐拥高薪进入豪华办公大楼的同时，他的付出是每天只睡三、四个小时，写着堆积如小山高的报告，回着永无止境的邮件，或只为了争取一个客户而不眠不休地登门拜访。当一个创业者挥洒自己生意的热情，在开着跑车出入的同时，他为了开发创业项目自学、自备材料，不断和各个老板、官员询问、磨合，还为了签下一个大订单，独自一个人漂流在异乡，错过和家人团聚的机会……不管是优秀的上班族还是成功的创业者，这些人的成功都曾跌倒过多次，甚至让别人从自己的身体上踩过去，但他们的成功取得了让人望尘莫及的荣耀，只因为他们懂得吃苦，能够承担得起厚重的压力。

最后献给在看这本书的朋友们，如果老天善待了你，给了你优越的生活，请不要收敛自己的斗志；如果老天对你百般考验，请不要放弃了对自己的信心和向前奋斗的勇气。当你想要放弃，就请想想那些睡得比你晚、起得比你早、跑得比你卖力，甚至天赋还比你低许多的人，他们早已开始跑向那个你只站在原地瞭望的遥远目标。

你可能会认为自己已经历过风雨，也许伤痕累累并且落后许多。但如我之前所提到的，不管你现在职涯在哪里，并不是那么重要，重要的是你要有一颗上进的心，你终究会找到属于你的方向和达到你的目标。

有很多人问过我："上班又兼职创业，做这么多事情你不累吗?"我的答案通常是"当然累啊!"上班兼职创业，蜡烛两头烧，这是个非常需要体力和毅力的一件事情，这也是年轻时候所占有的优势。年轻时体力旺盛、毅力十足，不去冒险、不去拼一个梦想、不去尝试没经历过的必将留下遗憾。如果现在每天只是上网玩手机、刷FACEBOOK看别人的近况、网购、打游戏，过着六十、七十、八十岁的人也能做的事情，那么你要青春做什么?

所以我的朋友们，请不要在最能吃苦的时候选择安逸，在最有机会成功的时候选择放弃，错过了这些人生最为难得的经验，等已无少年之时才来抱怨当初没有努力争取，追求梦想……

写这本书的初衷不是奢望能够让你直接一步登天取得成功，

我想市面上应该没有一本书能够这样保证，但我真诚地希望，透过这本书，能够帮助你选择一条属于你自己的道路、你自己的职涯。有了对的方向，只要你付出努力，不管成功与否，至少你也不会错过了人生最为难得的一段经历，创造你人生只有一次的丰富多彩！